NHK
趣味の園芸

12か月
栽培ナビ

15

デンドロビウム

江尻宗一
Ejiri Munekazu

ブライアネンセ

ロディゲシー

目次

Contents

12か月栽培ナビ 35

栽培の基礎知識 84

病害虫の防除 90

Column

本書の使い方

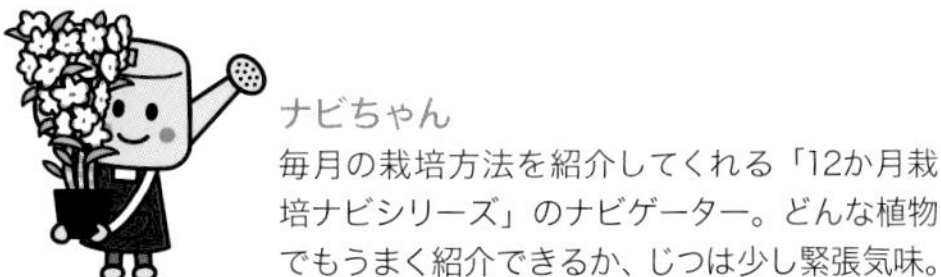

ナビちゃん
毎月の栽培方法を紹介してくれる「12か月栽培ナビシリーズ」のナビゲーター。どんな植物でもうまく紹介できるか、じつは少し緊張気味。

本書はデンドロビウムの栽培を、1月から12月に分けて、月ごとの作業や管理をわかりやすく解説。あわせて、その生態や魅力も紹介しています。

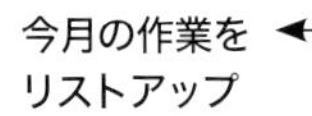

＊「デンドロビウム図鑑」
(16～34ページ)では、本書で栽培を取り上げる「ノビル」「下垂」「キンギアナム」「カリスタ」の4タイプを主に、デンドロビウムの代表的な原種や園芸品種、その特徴を紹介しています。

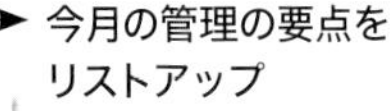

＊「12か月栽培ナビ」
(35～83ページ)は、月ごとの主な作業と管理のページです。管理は4タイプごとに、さらに冬は置き場の室温によって3つの温度帯に分けて解説しています。作業は初心者でも必ず行ってほしい 基本 と、中・上級者で余裕があれば挑戦したい トライ の2段階に分けて解説しています。主な作業の手順は、適期の月に掲載しています。

今月の作業をリストアップ

初心者でも必ず行ってほしい作業

中・上級者で余裕があれば挑戦したい作業

今月の管理の要点をリストアップ

＊「栽培の基礎知識」
(84～93ページ)では、デンドロビウムの基本的な栽培方法について解説しています。最初にこのページを読んでおくと、「12か月栽培ナビ」での解説がより理解しやすくなるはずです。

- 本書は関東地方以西を基準にして説明しています。地域や気候により、生育状態や開花期、作業適期などは異なります。また、水やりや肥料の分量などはあくまで目安です。植物の状態を見て加減してください。
- 種苗法により、品種登録されたものについては譲渡・販売目的での無断増殖は禁止されています。

デンドロビウムの魅力

デンドロビウムってどんな植物？
育てる前に知っておきたい基礎知識を
紹介します。

キンギアナム・シルコッキー

Dendrobium

デンドロビウムってどんなラン？

分布が広く、種数も豊富

デンドロビウムはアジア、オセアニア各地に広く分布するラン科植物で、非常に多くの種類があります。現在確認されている原種だけでも1000種以上が記録されています。このなかには豪華に咲くものや、ごく小型の花を咲かせるもの、よい香りをもつものなどさまざまな種類があります。また、寒さに強いもの、暑さに弱いものもあり、栽培方法も多種多様。デンドロビウムには奥深い楽しみと魅力がいっぱいの世界があります。

デンドロビウムの分布域

※ウォーレス線：この線を境として生物の種類が大きく変わることに、英国の生物学者ウォーレスが気づいたことから、こう名付けられた。デンドロビウムも、おおよそこの線を境にグループが大きく分かれる。

インド・シッキム州の標高1200mあたりの崖沿いに走る国道わきの大木に着生し、花を咲かせるデンドロビウム・ノビル。日当たりのよい場所で生き生きと生育している。着生する植物から雨の多い地域であることがよくわかる。

インド・シッキム州南部の町なかの大木に着生し、下垂して満開の花を咲かせるデンドロビウム・アフィルム。周囲の樹木を見回すと至るところに花が咲いていてそれは見事な光景だが、地元の人は見慣れた光景なのか誰も見向きもしない。

性質も株姿もさまざま

これだけ分布が広く、また種類も多いと、その性質や株姿もさまざまであることから、デンドロビウムの栽培に関しても、株姿や開花姿をもとにグループ分けをし、分布地域の気候などを参考にして考える必要が出てきます。

日本の気候に非常に合い、比較的冬が寒い環境でも栽培しやすいタイプがある一方、赤道直下付近を原産地とする原種のように、寒さを嫌うため冬が寒い日本の環境ではうまく育てられないデンドロビウムもじつは多くあります。また通称クールタイプと呼ばれるものは、熱帯地域の原産地でも非常に標高の高いところに自生するため、日本の暑い夏の気候に耐えられない種類もあります。

ノビルタイプのもととなった原種デンドロビウム・ノビル（*Den. nobile*）。インド・シッキム州で着生し自然に育つ姿。株をよく観察してみると高芽（62ページ参照）が1つも発生していない。自生地で高芽ができることはほぼない。

日本原産のデンドロビウム、セッコク（石斛、*Den. moniliforme*）。長生蘭とも呼ばれ、花色や葉の模様、バルブの色彩などの細かな差異を江戸時代のころから楽しんできた古典園芸植物でもある。小型の園芸品種の交配親としても重要。（左）花、（右）‘銀竜’。

魅力あふれる園芸品種も豊富

デンドロビウムは原種だけではありません。さまざまな原種をもとに人の手により改良された交配種と呼ばれるものが世界各地で流通し、多くの人々に楽しまれています。世界初のデンドロビウムの交配種は1864年に初めてつくられたドミンヤナム（*Den.* Dominyanum）というノビルタイプの品種です。現在までに1万4000品種以上が記録され、現在もなおふえ続けています。

交配種は、それぞれの原種がもつ魅力をさらに高めようとして改良されてきた園芸品種です。原種に比べて花が大きく咲くようにしたり、花数をさらにふやしたり、色彩が豊富になるようにするといった見栄えをよくするための改良に加え、栽培しやすくするための改良も行われてきています。また家庭栽培にはやや大きすぎるデンドロビウムを、育てやすい中型から小型へ改良することなども行われています。

一般に販売されている園芸品種はほとんどが交配種で、皆さんのご家庭でもそれほど苦労なく育て、花を咲かせて楽しむことができるようになっています。

フェアリーフレーク‘カルメン’。ノビルタイプの基本色ともいえる赤紫色の花弁に、赤黒い目が大きく入るリップが特徴的な花。草丈30〜40cm。

スペシオキンギアナム‘マルコ’。オーストラリア東部原産のキンギアナムとスペシオサムからできた一代交配種。‘マルコ’は白い小輪花をたくさん咲かせ、やや背が高く草丈は25〜35cm。

本書で取り上げるデンドロビウム

デンドロビウムにはさまざまなタイプがありますが、本書で取り上げるのはノビルタイプ、下垂タイプ（下垂性デンドロビウム）、キンギアナムタイプ、カリスタタイプの４タイプです。いずれも寒さに強く栽培のしやすいデンドロビウムで、栽培には原則として温室などの加温設備は不要です。春から秋は戸外、冬はふだん生活している室内に置いて栽培が可能な種類です。

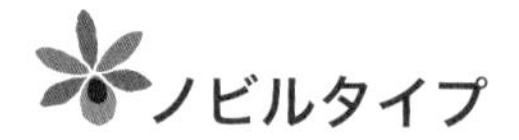

ノビルタイプ

デンドロビウム・ノビルという原種をもとに品種改良されたもので、原種はヒマラヤ山脈の麓から東南アジアのミャンマー、タイ、ベトナム付近の山岳地帯の標高 1000 ～ 1500 m ほどの高地に広く分布しています（下垂タイプ、カリスタタイプの原種もほぼ同様）。この地域は、夏は気温が高くなって雨が多く降り、冬はやや乾燥気味で気温が比較的低くなる地域です。

ノビルタイプ交配種の魅力はなんといってもその豪華な花姿。バルブ（茎）の各節から花を咲かせるため、満開になると株が花に隠れてしまうほどのボリュームで咲き、しかも長もちします。12 月から３月ごろまで園芸店やホームセンター、洋ラン専門店、洋ラン展など多くの場所で目にすることができます。

ノビルタイプは寒さに強いことでも知られ、日本の寒い冬でも室内に置けば問題なく栽培ができます。このノビルタイプと日本原産のセッコクを交雑してつくられた小型の園芸品種を、セッコク系と呼ぶこともあります。

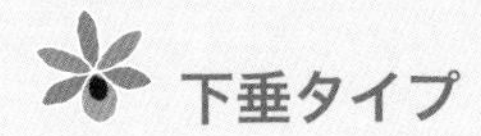

下垂タイプ

バルブが垂れ下がって育つ原種で、下垂性デンドロビウム（下垂タイプ）と呼ばれますが、分類学的にはノビルタイプに含まれます。長く下垂して育ったバルブの節々にノビルタイプ同様に花を咲かせます。下垂タイプはそれほど多くはありませんが、花が満開に咲いたときは息をのむほどの美しさと迫力があります。

キンギアナムタイプ

オーストラリア東部原産のデンドロビウム・キンギアナムという原種をもとに改良されたグループ。ノビルタイプとは異なり、堅くしっかりと自立するバルブの上部に葉をつけ、その葉と葉の間から何本もの花茎を上に伸ばし花を咲かせます。原種の原産地は比較的温暖で、日本の本州とよく似た気候です。そのため日本でも栽培しやすいデンドロビウムといえます。

カリスタタイプ

最近よく見かけるようになりました。ほとんどが少しゴツゴツした感じのバルブをもち、バルブの上部に葉をつけます。その頂部付近から花芽を伸ばし、優雅に垂れ下がるように花を咲かせます。花のないときの株から受ける印象と、花を咲かせたときの優美な姿のコントラストにびっくりさせられることがあります。この系統の交配種はまだ少なく、主に原種そのものを楽しみます。

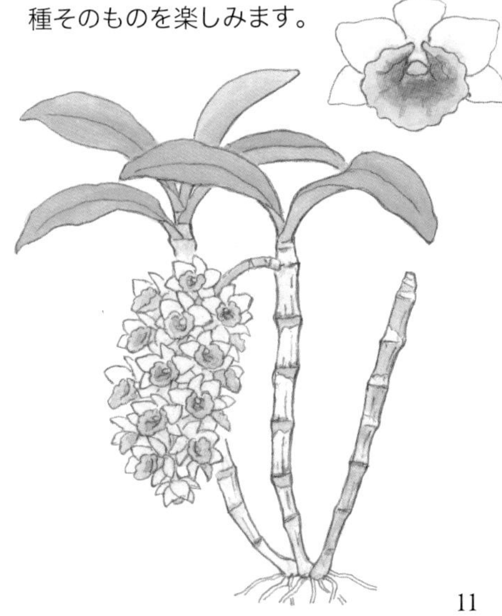

不思議植物デンドロビウム
～空中庭園が育んだ多様性～

遊川知久（国立科学博物館 筑波実験植物園）

種類の多い着生ラン

デンドロビウムは、約800の属をもつラン科植物のなかで種数が最も多い属の一つで、約1100種を含みます。デンドロビウムという属名は、古代ギリシャ語のdendron（樹木）とbios（生活）からきており、ごく一部の種を除き、その名のとおり樹木や岩に着生して生きています。アジア、オセアニアに広く分布し、熱帯から温帯にかけて、低地から標高3800mに及ぶ高地まで、さまざまな環境の場所に生えています。

K.Suzuki

多彩な葉や花、性質もさまざま

デンドロビウムの際立った特徴の一つが、茎（バルブ）と葉の形態が変化に富んでいることです。例えば茎は、直立するもの、這うもの、下垂するものなどさまざまで、長さは数mmから5mを超えるものまであります。形は針金状、こん棒状、球状、平たいものなどがあります。また、葉も細いもの、円いもの、薄いものから多肉質で厚いものまであります。

花もまた形態が変化に富んでおり、香りも甘いもの、爽やかなカンキツ系のもの、なかには人間には芳しくない臭いがするものもあります。花もちも、1時間足らずで咲き終わってしまうものもあれば、1つの花が9～10か月咲き続けるものもあります。9～10か月というのは、植物界でも最も長い花もちといえるでしょう。

K.Suzuki

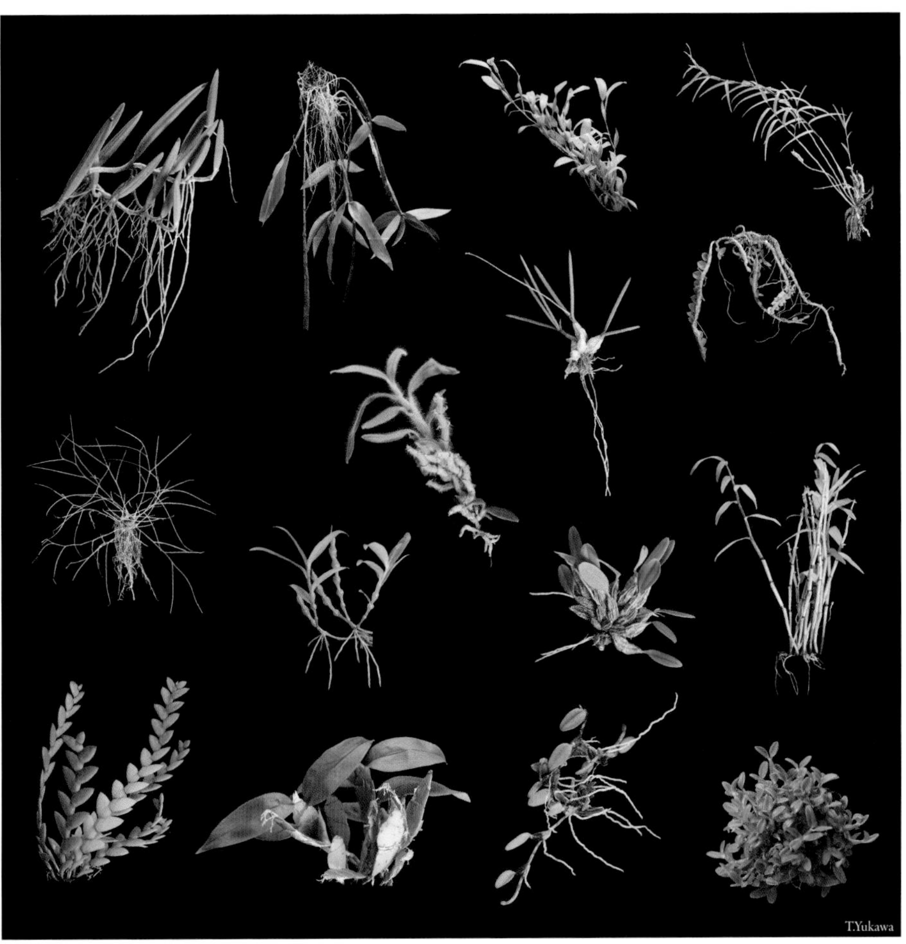

デンドロビウムの株姿。デンドロビウムという1つの属に含まれているとは思えないほど多彩だ。左上から下に向かって、ワセリィ（*Den. wassellii*）、セティフォリウム（*Den. setifolium*）、ビロブラツム（*Den. bilobulatum*）、テトラゴヌム（*Den. tetragonum*）、セニレ（*Den. senile*）、アフロディテ（*Den. aphrodite*）、プラティカウロン（*Den. platycaulon*）、アングスティフォリウム（*Den. angustifolium*）、カナリクラツム（*Den. canaliculatum*）、リンドレイ（*Den. lindleyi*）、ブルボフィロイデス（*Den. bulbophylloides*）、パピリオ（*Den. papilio*）、リンピドゥム（*Den. limpidum*）、セッコク（*Den. moniliforme*）、パキフィルム（*Den. pachyphyllum*）。

（左ページ写真）
デンドロビウムは1つの花が咲いている期間（花もち）もさまざま。花もちが約8か月にも及ぶカスバートソニイ（*Den. cuthbertsonii*）（右写真）と、半日しかもたないアンボイネンセ（*Den. amboinense*）（左写真）。花もちが長いのは、そのとき生息していた環境でおそらく受粉してくれる昆虫が訪問する機会をふやすため獲得した性質と思われる。

環境の激変が多様性を生んだ

デンドロビウムの分布域であるアジアやオセアニアでは、造山運動によって数百年前から多様な地形が生まれて環境が激変しました。例えばボルネオ島やニューギニア島の中央高地、ヒマラヤ山脈などで、そこにはやがて熱帯の山地林が発達しました。

山地林は、1日のうちに数時間は雲の中に入る多湿な環境で、コケが樹木に垂れ下がり、間にシダなども生えています。つまり、デンドロビウムのような着生植物がすみやすい、いわば"空中庭園"というべき空間です。デンドロビウムは、新たに生み出された環境に進出しました。

まだ競争相手のいない自由に使うことができる「空き地」は、地上部に谷も尾根もある複雑な地形であり、さまざまな微気候を備えていました。そうした多様な環境は新たな進化を促し、デンドロビウムを「好き放題」に変化させました。現在見られるデンドロビウムの多様性はこうして生まれたのでしょう。

同じ林でも、梢と太い幹では、着生している種がまったく異なる。日の当たり具合、水分の多寡などによってすみ分けができているのだ。細い枝で暮らすディカッソニー（*Den. dickasonii*）（下写真）と太い幹で暮らすオクレアツム（*Den. ochreatum*）（右ページ写真）。着生する木の種類にもそれぞれ好みがある。（撮影地：ミャンマー）

T.Yukawa
T.Yukawa

デンドロビウム図鑑

多種多様なデンドロビウムの原種、園芸品種を、タイプ別に紹介します。育ててみたいと思うデンドロビウムがきっと見つかるはずです。

ノビルタイプ

ヒマラヤ山麓原産の原種ノビルを基本として品種改良が行われてきたグループです。株姿は太いバルブが半直立状態となり、バルブの節から花を咲かせます。株サイズは大型から小型まであり、低温に強く（最低温度5℃）栽培しやすいタイプです。落葉性で、古くなった葉は自然に黄変し落ちます。デンドロビウムの基本タイプといえます。

ノビル
Den. nobile　※原種については学名も表記

ノビルタイプの基本となった春咲きの原種。ヒマラヤ山麓を主な原産地として、樹木に着生して生育している。日本の気候にもよく合い、寒さに強く丈夫で育てやすい。草丈30〜60cm。

スプリングニュース‘スマイリングアイズ’

ソフトなピンク色と、くっきりと花の中心に入る赤黒い目がかわいらしい小型の交配種。バルブは支柱いらずで、しっかりと立つ。草丈20〜25cm。

セカンドラブ‘トキメキ’

中型のコンパクトな株姿に中大輪花を咲かせる。白い花弁の先端にほんのりと入る薄ピンク色がかわいらしい雰囲気を醸し出す。草丈30〜35cm。

グリーンサプライズ‘ウィンディー’

ノビルタイプの花色としてはたいへん珍しいグリーン系の品種。開花期の気温により色彩に濃淡の変化が出る。草丈50〜60cm。

イエローソング‘キャンディー’

明るい黄色の色彩がとても目を引く中輪花。花つきもたいへんよい品種で、バルブいっぱいに花を咲かせる。草丈30〜40cm。

キャンディーラブ‘ドキドキ’

セカンドラブ‘トキメキ’とほぼ同じ株姿で、丈夫な品種。こちらは明るいピンク色の縁取りが入った中大輪花を咲かせる。草丈25〜30cm。

メダリスト‘ミカド’

花全体にウェーブが入りたいへん豪華に見える純白の極大輪花。リップ奥には褐色の目が入る。株は大型になる。草丈40～60cm。

ノーブルスマイル‘サンシャイン’

花形が理想型とされる完璧な丸形に近い大輪花。鮮やかな紅紫色に黄色の大きな目が入る。生育旺盛で大型になる。草丈40～60cm。

アジアンスマイル
‘キューティーガール’

株元から花をしっかりとつけてくれる花つきのよい品種。花弁の先端が赤紫色でリップの中心に濃紫の目が入る大輪花。草丈50～60cm。

ロイヤルウエディング
‘ベビースマイル’

純白の花弁の縁取りに明るいピンク色がくっきりと彩る覆輪咲きの大輪花。リップの色彩が花弁と一体化した明るい花。草丈30～35cm。

ピンクキッス‘コメットクイーン’

花全体が均一な濃い紅紫色の大輪花をつけ、中心に入る濃い黄色の目が特徴。ノビルタイプとしては早咲きの品種。草丈30〜40cm。

ノビルタイプ

グッドラック'ドゥードゥー'

ノビルタイプ

クリームイエローの中大輪花で、かわいらしい花が華やかに開花する。株立ちもよく、生育旺盛で育てやすい中型品種。草丈40〜50cm。

Yamamoto Dendrobiums

チャーミングエンジェル‘シフォン’

明るいピンク色で、リップ奥にクリーム色の目が入る極大輪花。花弁周縁にウェーブが入り、かれんさと豪華さをあわせもつ。草丈40〜50cm。

エンジェルピンク‘シャンソン’

淡いピンク色でリップに赤紫色の目が入るやさしい色彩の大輪花。花つきがとてもよく株元から花が正面を向いてしっかり咲く品種。草丈40〜50cm。

ブリリアントスマイル‘ヒロミ’

上品な乳白色の花弁で、リップ中央には鮮やかな黄色の目が入る。花径が10cmにもなる極大輪花で、早咲き。草丈40〜50cm。

シェリーラブ‘プレシャス’

上品でやさしいピンクの大輪花を株いっぱいにすき間なく咲かせる。花つきもよく、花もちもたいへんよい品種。草丈40〜50cm。

アジアンビューティー‘トゥルーパッション’

ノビルタイプとしては驚くほど大輪。花径は最大で10cmを超える。花色は開花後だんだんと深みのある色に変化する。草丈50～60cm。

ゴールデンブロッサム‘コガネ・バリエガータム’

昭和後半の品種だが、いまだにその魅力は衰えない。黄色に赤黒目の入る印象的な花に加え、斑入り葉が魅力。草丈25～30cm。

ラブメモリー‘フィズ’

中輪の花が密に咲き、たいへんにぎやかな雰囲気の花。株立ちと花つきがとてもよく、株が小さいときからよく咲く。草丈20～50cm。

レインボーダンス‘ハナビ’

整った花形の品種とはひと味異なる小型のタイプ。細い花弁が踊るように咲く姿から品種名がつけられた。丈夫で育てやすい。草丈20～30cm。

咲き始めの花→

イエローチンサイ‘マジカルカラー’

蕾が開花を始め満開になるまで、徐々に変化していく色彩を楽しめる小型交配種。バルブはしっかりと立ち、支柱いらず。草丈15〜20cm。

スターダスト‘ファイアーバード’

これほどまで花全体がオレンジ色になるデンドロビウムはこの品種のみ。中型で落葉後に中輪花をびっしりと咲かせる。草丈20〜30cm。

カシオープ

ノビルとセッコク（モニリフォルメ）の交配で生まれた素朴な花を咲かせる丈夫な小型の原種一代交配種。木片などに着生させての栽培にも向いている。草丈20〜30cm。

ノビルタイプ

エンジェルベイビー‘グリーンアイ’

ミニデンドロとして人気の高い小型交配種。日本原産のセッコク（モニリフォルメ）の交配系統のため特に丈夫で育てやすい。草丈10〜15cm。

アフィルム'ハダノピンク'
Den. aphyllum 'Hadano Pink'

ネパールからマレー半島に分布する原種で、春から秋にバルブを伸ばす。冬の終わりに落葉し、春になると落葉したバルブにピンクの小輪花を株いっぱいに咲かせる。バルブ長60〜70cm。

下垂タイプ

下垂タイプはノビルタイプに非常に近い種類ですが、株（バルブ）が下向きに垂れ下がって育ち開花するタイプです。新芽は生育の途中まで上向きに伸びますが、次第に下向きに垂れ下がってきます。常緑で葉がついた状態で開花するものと、落葉してから開花するものがあります。一部寒さに弱いものもある（最低温度 5℃程度、アノスマムは 10℃）ので注意が必要です。

ロディゲシー
Den. loddigesii

中国南部からインドシナ半島に分布する小型の原種。半下垂性で短めのバルブにやや濃いピンク色の小輪花を春に咲かせる。完全に落葉することはないタイプ。バルブ長15〜20cm。

パリシー
Den. parishii

インド北東部からインドシナ半島に分布する中型の原種。バルブは中太で完全に下垂することはまれで、やや斜めに立った状態。落葉後の春遅くから初夏に開花する。バルブ長25〜30cm。

ポリアンサム
Den. polyanthum

ヒマラヤ山麓からインドシナ半島に分布する大型の原種。バルブは60〜70cmまで伸び、春の終わりに落葉しその後開花する。リップが白いタイプ（写真）と黄色いタイプがある。

アノスマム
Den. anosmum

スリランカ、インドシナ半島からニューギニアに分布する大型の原種。冬は10℃以上で栽培。完全に落葉することはなく、春から初夏に開花する。バルブ長60〜70cm。

レッドメテオール‘天の川’

ロディゲシーとパリシーの交配から生まれた小型の交配種。春、落葉後に明るい紫ピンクの小輪花を咲かせる。バルブ長20〜25cm。

アダストラ‘ビッグリップ’

アフィルムとアノスマムの交配から生まれた中型種。半落葉性で、明るい蛍光ピンク色の中輪花を春に咲かせる。バルブ長40〜50cm。

M.Ejiri

キンギアナムタイプ

オーストラリア東部を原産とする小型の原種キンギアナムを中心に交配育種され、品種改良されてきたグループの総称です。多くの交配種は小型から中型で栽培しやすい大きさです。株姿に特徴があり、株元が太く先端にいくほど細くなるバルブの頂部から花芽を上に伸ばし開花します。寒さにも強く（最低温度 5℃）丈夫で栽培しやすいタイプです。

キンギアナム
Den. kingianum

オーストラリア東部を原産とする小型の原種で、強い日ざしを好む。寒さにもたいへん強くこの原種をもとにさまざまな交配種がつくられ、いずれも丈夫でつくりやすい。草丈10～20cm。

スペシオサム
Den. speciosum

オーストラリア東部の広い範囲に分布する中～大型の原種。色彩は乳白色から濃い黄色までさまざまで、寒さに強く丈夫。通称タイミンセッコク、大名セッコク。草丈30～50cm。

M.Ejiri

イースターパレード‘カシオペア’

純白の小輪花を、穂のようにしっかりと上向きに伸びる花茎に咲かせる中型交配種。株もまっすぐに立つのでつくりやすい。草丈20〜25cm。

M.Ejiri

キンギアナム・シルコッキー

Den. kingianum var. *silcockii*

原種キンギアナムの色変わりで古くから知られている。白い花弁に赤紫色のリップがかわいらしい花を咲かせる。性質は通常のピンク色の花と同じで、寒さにも強く丈夫な種。草丈10cm程度。

ギリエストンゴールド‘ナタリー’

原種スペシオサム系統の中型交配種で、オレンジイエローの魅力的な色彩が楽しめる。寒さにも強く無加温で栽培が可能。草丈25〜30cm。

M.Ejiri

サクセスストーリー‘恋のしずく’

ぐっと草丈が詰まり、芽吹きもよいためバルブが株立ちになる中型の交配種。花茎は強くしっかりと上向きに伸びて開花する。草丈15〜20cm。

ファーメリ
Den. farmeri

ヒマラヤからマレー半島にかけて自生する原種で、淡ピンク色の花を春に咲かせる。シルシフローラムと混同することも多いが、花茎は少し短め。冬は少し加温が必要。草丈20～25cm。

シルシフローラム
Den. thyrsiflorum

アッサムからインドシナ半島にかけて自生する原種で、白い花弁と黄色のリップのコントラストが魅力的な花を春に咲かせる。寒さに強く、無加温の室内で冬越しが可能。草丈30～40cm。

カリスタタイプ

ヒマラヤ山麓からインドシナ半島、マレー半島にかけ自生するおよそ10～14種の原種とその交配種のグループ。やや堅くなるバルブをもち、その頂部から花茎を垂れ下がるように伸ばし、花を房状に咲かせる。開花したときの美しさは息をのむほどだが、花の命は短く1週間ほどで終わる。ほとんどが冬の低温に強い（最低温度5℃程度。ファーメリは10℃）。

デンシフローラム
Den. densiflorum

ヒマラヤから海南島（中国）にかけて自生する輝く黄金色の花の原種。春の終わりごろに見事な房状の花を咲かせる。冬でも室内であれば寒さで株が傷むことはない。草丈30～40cm。

M.Ejiri

ファーメリ・アルバム‘ピーターバラ’
Den. farmeri fma.*album* ‘Peterborough’

ファーメリのピンクの色彩が白く抜け固定した花。花茎もほどよい長さに伸び、日本洋蘭農業協同組合（JOGA）のメダル審査で入賞している個体。草丈20〜25cm。

ファーメリ‘ハラダ’ *Den. farmeri* ‘Harada’

ファーメリのなかでもピンク色が濃く、一般的な個体より花茎が長く伸びる。日本洋蘭農業協同組合（JOGA）の審査で入賞している優良個体。大株になると見ごたえがある。草丈25〜30cm。

ハーベヤナム

Den. harveyanum

雲南（中国）からインドシナ半島にかけて自生する原種。春に明るい黄色で花弁の周囲に細かな毛が密に生える小輪花を咲かせる。甘い香りももつ。少し夏の暑さを嫌う。草丈40〜50cm。

クリソトキサム

Den. chrysotoxum

インド北東部・雲南からインドシナ半島にかけて自生する原種。花はバルブ頂部から開花するが、ほかのカリスタタイプと異なりやや立ち気味に花茎を伸ばして咲く。草丈25〜30cm。

カリスタタイプ

リンドレイ‘アフリ’

Den. lindleyi ‘Aphri’

ヒマラヤからインドシナ半島にかけ自生する原種。旧名アグレガタム。春から初夏に開花する。寒さにはたいへん強い。この‘アフリ’は花色の濃い選抜個体。草丈10〜15cm。

アマビレ‘ベニボタン’

Den. amabile ‘Benibotan’

ベトナム原産の大型原種で、草丈は70〜80cmにもなる。‘ベニボタン’は特に色彩が濃く、花茎が特別長く伸びる優良花。ベトナム原産だが冬の寒さにも強く丈夫。

シャイニングピンク

ファーメリ（28ページ）の交配から生まれた。たいへん丈夫で寒さにも強く、春にほどよい長さの花茎にソフトピンクの花を咲かせる。草丈30〜35cm。

ウェンフェン

原種リンドレイと同系統の小型種との交配種。カリスタタイプとしては小型で、丈夫で栽培しやすい。草丈5〜10cm。

その他のタイプ

デンドロビウムには非常に多くの種類があります。極端な暑さや寒さを嫌う種類も多く、日本の気候には合わないデンドロビウムもたくさんあります。「その他のタイプ」では家庭で特別な加温設備や夏の冷房設備などを持たなくても栽培可能な種類をご紹介します。基本的な栽培方法はノビルタイプなどと変わらない（最低温度は種類により5～10℃）のでぜひ挑戦してみてください。

↓アメジストグロッサム
Den. amethystoglossum

フィリピンに自生する中型の原種。冬から春に細長く伸びたバルブの上部から白と赤桃色のかわいらしい花を下向きにぶら下がるように咲かせる。丈夫で栽培しやすい。草丈50～60cm。

↑グロメラータム
Den. glomeratum

スラウェシ島（インドネシア）に自生する原種。クールタイプとされることもあるが、比較的暑さに強く、夏でも冷房なしで栽培できる。花は不定期咲きで長期間楽しめる。草丈80～100cm。

M.Ejiri

ブライアネンセ‘スワダ’
Den. braianense 'Suwada'

インドシナ半島に自生する小型の原種。冬から春に少し透明感のある明るい黄色の花を、バルブ上部の節から伸ばして咲かせる。ほんのりと香りも楽しめる。草丈20〜25cm。

フィンブリアータム
Den. fimbriatum

ヒマラヤから中国南部・インドシナ半島に自生する大型の原種。花は濃色の黄オレンジ色で目を引く。バルブの上部から半下垂状に花茎を伸ばして開花する。寒さに強い。草丈70〜80cm。

ペグアナム
Den. peguanum

ヒマラヤからタイに自生するミニチュアサイズの原種。草丈は5cm程度で、株の頂部に香りのある小さな花を咲かせる。寒さと乾燥に少し弱いので、冬の室温と湿度に注意する。

デカエオイデス
Den. dichaeoides

ニューギニア島に自生するミニサイズの原種。2号鉢でずっと楽しめる。短いバルブの頂部にごく小さな花をびっしりと咲かせる。夏の暑さには少し弱い。草丈5cm程度。

ナゴミ

原種一代交配から生まれた小型の交配種。クールタイプにも見えるが、暑さにも比較的強い。花は長く楽しめる。草丈5～10cm。

ヒビキ

原種一代交配から生まれた小型種。株元近くに赤紫色の花を密に咲かせる。暑さにも寒さにも強く、花は驚くほど長く楽しめる。草丈10～15cm。

ガットンサンレー

1919年に命名された丈夫なクラシック交配種。初夏咲きの大型種で、バルブの頂部からクリームイエローの花を咲かせる。草丈80～90cm。

12か月
栽培ナビ

主な作業と管理を月ごとにわかりやすくまとめました。
季節に合った適切な手入れを行えば、
毎年美しい花を咲かせてくれるはずです。

グロメラータム

Dendrobium

デンドロビウムの年間の作業・管理暦

			1月	2月	3月	4月	5月
生育状況	ノビルタイプ	温度帯1	新芽がゆっくり伸び始める	開花	ぐっと伸びる		
		温度帯2	新芽がゆっくり伸び始める		ぐっと伸びる 開花		
		温度帯3		生育緩慢		新芽が伸びる 開花	
	キンギアナムタイプ	温度帯1		生育緩慢	新芽が伸びる 開花		
		温度帯2		生育緩慢	開花	新芽が伸びる	
		温度帯3		生育緩慢		新芽が伸びる 開花	
	下垂タイプ	全温度帯		生育緩慢		新芽が伸びる 落葉	開花
	カリスタタイプ	全温度帯		生育緩慢			新芽が伸びる 開花
主な作業			支柱立て→p74		花がら摘み→p44 茎伏せ、高芽とり→p59、p62	植え替え、株分け、コルクづけ→p49、p58	
管理	置き場			室内の明るい窓辺		戸外	
	水やり			植え込み材料が乾ききる前に （蕾が見えたら少し多めに）		徐々に多く	
	肥料			有機質固形肥料を月1回（ノビルタイプのみ）			

● 温度帯について

本書では、冬の間の置き場の温度によって3つの温度帯を設定し、温度帯ごとに解説しています。
各温度帯は以下のように設定しています。

温度帯１＝昼も夜も暖かい部屋

日中は25℃以上、夜間でも20℃以上。この温度帯は、じつはノビルタイプ、キンギアナムタイプ、カリスタタイプ、下垂タイプの多くの種類には暖かすぎる温度帯です。

	6月	7月	8月	9月	10月	11月	12月
	バルブを形成しながら成長			バルブ肥大	バルブ完成	生育緩慢	
	バルブを形成しながら成長			バルブ肥大	バルブ完成	生育緩慢	
		バルブを形成しながら成長			バルブ肥大	バルブ完成	生育緩慢
	バルブを形成しながら成長		バルブ肥大		バルブ完成	生育緩慢	
	バルブを形成しながら成長			バルブ肥大	バルブ完成	生育緩慢	
	バルブを形成しながら成長			バルブ肥大	バルブ完成	生育緩慢	
		バルブを形成しながら成長			バルブ肥大	バルブ完成	生育緩慢
		バルブを形成しながら成長		バルブ肥大	バルブ完成		生育緩慢
		草取り→p66			支柱立て→p74		
						室内の明るい窓辺	
		たっぷり	毎日たっぷり 葉水→p67	徐々に少なく		植え込み材料が乾ききる前に（室内に取り込んだ直後はやや多めに）	
			有機質固形肥料を月1回（全タイプ） 液体肥料を週1回				

温度帯 2 ＝昼は暖かく、夜はひんやりとする部屋

昼間の温度が 20℃以上、夜間の温度が 10℃を少し下回る程度。ノビルタイプ、キンギアナムタイプ、カリスタタイプ、下垂タイプの多くの種類に理想的な温度です。

温度帯 3 ＝昼は肌寒く、夜間はかなりの冷え込みを感じる部屋

昼間の温度が 15℃以下、夜間の温度が 5℃よりも少し下がる程度。ノビルタイプ、キンギアナムタイプ、下垂タイプのほとんどが好む温度帯です。下垂タイプの一部やカリスタタイプの一部の種類には夜間温度が少し寒すぎる場合があります。

今月の主な作業

基本 支柱の調整

基本 基本の作業
トライ 中級・上級者向けの作業

1月のデンドロビウム

暖かな部屋で栽培しているノビルタイプは、開花を始めるものも見られます。また、株元から新芽が伸び始める株も出てきます。室温が低めの部屋で栽培している場合は、ノビルタイプもキンギアナムタイプも12月から株の状態に変化はありません。下垂タイプ、カリスタタイプも変わらない状態が続きます。

ワンダフルメモリー'スィートストーリー'。明るい赤紫色の中輪花で、花の中央の白色部分が大きく特徴的。草丈30〜40cm。

主な作業

基本 支柱の調整

開花姿が美しくなるように位置を調整

支柱立て（74〜75ページ参照）を行った株は、蕾が大きくなる前に支柱の位置を再確認し、開花姿が美しくなりそうな位置に調整します。またゆるく誘引してあったビニールタイもしっかりと留めておきます。

管理

ノビルタイプ

置き場：室内の日当たりのよい窓辺
（80ページ参照）

温度帯2ないし**3**に該当する場所が理想です。ガラス越しの日光に直接当て、レースのカーテンなどは不要です。暖かな日は戸外に出して日光に当てたくなりますが、室内からは出さず、日中窓を開けて新鮮な空気を株に当てるとよいでしょう。

〈温度帯1〉蕾がふくらみ開花が始まるものが出てきます。この温度帯は温度が少し高すぎるため、日光によく当

温度帯1：昼間25℃以上、夜間20℃以上
温度帯2：昼間20℃以上、夜間10℃程度
温度帯3：昼間15℃以下、夜間5℃程度

今月の管理

- 室内の日当たりのよい窓辺
- 植え込み材料が乾ききる前に、温度帯に合わせて与える
- 不要
- カイガラムシ

てながら咲かせても、花色がやや薄くなることもあります。

株元から新芽を伸ばし始める株も出てきます。その場合は新芽によく日光が当たるように置き場や向きを変えておきます。陰になっていると伸び始めた新芽がモヤシ状になってしまい、春からの生育が悪くなります。これが高い温度でノビルタイプを栽培する場合の一番の問題点といえます。

蕾になるべきバルブの節から高芽が伸びてきたらそのままにしておきます。

〈温度帯2〉 昼は暖かく、夜はひんやりとする理想的な温度です。株は蕾を徐々にふくらませます。

〈温度帯3〉 ノビルタイプの好む温度ですが、株の生育はほとんど見られず、蕾が伸びてくることもありません。

水やり：植え込み材料が乾ききる前に

〈温度帯1〉 植え込み材料の乾きが非常に早いため、頻繁にたっぷりと水を与えないとすぐに乾いてしまいます。水切れすると、バルブが急激にやせてしわが寄ります。さらに蕾がだめになってしまうこともあります。蕾のふくらみを確認したら絶対に乾かないように水やりを行うことが大切で、1日おきの水やりが必要な場合もあります。

〈温度帯2〉 夜寒く感じても、日中は暖かいので比較的乾きます。植え込み材料の表面が乾き始めたら水をたっぷりと与えます。週1～2回が目安です。

ノビルタイプの蕾から開花まで

〈温度帯3〉温度が低いためあまり乾きません。植え込み材料の表面が乾き、少し指で押すとほんのり水分を感じるときに、控えめに水を与えます。7〜10日に1回が目安です。

肥料：不要

キンギアナムタイプ

置き場：室内の日当たりのよい窓辺
(80ページ参照)

ノビルタイプに準じます。**温度帯2**ないし**3**に該当する場所が理想です。**温度帯1**はやや温度が高すぎ、蕾が黄変しやすいので注意します。

水やり：植え込み材料が乾ききる前に

ノビルタイプに準じます。

〈温度帯1〉積極的に水やりを行います。花芽が株の頂部からぐんぐんと伸びてくるので、絶対に水切れのないように。少しでも水が切れるとでき始めた蕾が黄色くなり落ちてしまいます。

〈温度帯2〉植え込み材料の表面が乾き始めたら水をたっぷりと与えます。花芽が徐々に伸びてくる段階です。

〈温度帯3〉植え込み材料の表面が乾き、少し指で押すとほんのり水分を感じるときに、控えめに水を与えます。花芽の伸びはほぼない状態です。

肥料：不要

下垂タイプ

置き場：室内の日当たりのよい窓辺
(80ページ参照)

ノビルタイプに準じます。窓辺に洋服掛けや洗濯物干しなどを利用してぶら下げます。花台などに置いても大丈夫です。その場合は長く伸びたバルブを折らないように注意します。温度帯にかかわらず、株の変化が見られない時期です。

水やり：植え込み材料が乾ききる前に

ノビルタイプに準じます。いずれの温度帯のものも、水切れさせないように。特に小さな鉢の場合は乾きすぎに注意します。

肥料：不要

カリスタタイプ

置き場：室内の日当たりのよい窓辺
(80ページ参照)

ノビルタイプに準じます。多くのカリスタタイプは低温に強いですが、それでも極端な低温にすると株が腐ったりする場合があります。そのため、夜が10℃以下にならない部屋に置くのが理想的です。温度帯のタイプにかかわらず株の状態は変わらず、花芽などが見えてくることはありません。

水やり：植え込み材料が乾ききる前に

ノビルタイプに準じます。いずれの温度帯のものも、水切れさせないように水やりします。

肥料：不要

病害虫の防除

カイガラムシ(91ページ参照)

バルブや根元、葉裏などを点検し、発生していないか確認しましょう。

デンドロビウム 購入時の注意点

初めてのデンドロビウムを購入する際は、少し面倒でも下記のポイントに注意するようにしましょう。

■ 購入適期

10月ごろから４月ごろがベストの入手時期です。秋には新しいバルブが完成した株を、冬から春には開花している株を見て購入することが可能です。

■ 購入場所

できるだけ洋ランの専門店で、詳しく性質などを聞いて購入しましょう。特に耐寒性、耐暑性についてはしっかりと確認することが大切です。インターネットで購入する場合も、不明点を必ず問い合わせてから購入しましょう。

■ よい株の見分け方

購入適期に株を入手するときは、バルブがしっかりと太り、葉につやがありピンと張っているものを選びます。また、株を持ってみてぐらつかないことも大切です。

■ よい花（品種）の選び方

花の色や形の好みは人により異なります。ですから自分が気に入った花を選び、株の状態を確認して購入するのがよいでしょう。プロが選んだ入賞花が常によいとは限りません。

■ 蕾や花つき株を購入するときの注意点

12～４月には園芸店でもデンドロビウムの花つき株が販売されます。蕾や花つき株を購入するときは、蕾や咲いている花の陰に黄色く枯れている蕾や花がないかよく見ます。黄色く枯れているものが多い場合、出荷途中もしくは店頭で水切れが起き、蕾や花がしおれてしまった可能性があります。

また、蕾や花のついたバルブが極端にやせ細っている株は、開花しても花が長もちしません。満開に咲いている株は、花弁の一部が薄茶色くしおれていたり、花が少し透き通った感じになっていたりすると花の終わりが近い証拠です。

■ 花を長もちさせるコツ

本書で解説しているタイプのデンドロビウムは、ほとんどが寒さに強い種類です。これらの種類は暖房がよく効いた部屋の温度は少し高すぎです。暖かすぎる部屋に蕾つきの株を置くと、すぐに蕾が黄変してきます。また開花中であれば花がすぐに終わることもあります。

蕾つきの株は、暖房をしていても人には少し寒く感じるくらいの場所でガラス越しの日光によく当て、水を切らさないようにするときれいに咲いてきます。また、開花後の花もちもたいへんよくなります。観賞するためにリビングなどに飾る場合は、蕾が完全に開いてから移動させるのがよいでしょう。

February

2月

今月の主な作業

基本 支柱の調整

基本 基本の作業
トライ 中級・上級者向けの作業

2月のデンドロビウム

温度帯2の環境で栽培しているノビルタイプやキンギアナムタイプの開花が始まります。また温度帯1にあるノビルタイプでは、新芽がぐっと伸びてくることもあります。キンギアナムタイプは暖かな部屋にあってもなかなか新芽は伸び出してきません。カリスタタイプや下垂タイプには大きな変化は見られません。

ベラマリー。バルブに細かな黒い毛が生えるフォーモーサムタイプの小型交配種。花もちがたいへんよく、長く楽しめる。草丈20〜30cm。

主な作業

基本 支柱の調整

蕾が大きくなる前に行う

必要に応じ、開花姿が美しくなりそうな位置に支柱を立て直し、ビニールタイもしっかりと留めておきます。

管理

ノビルタイプ

置き場：室内の日当たりのよい窓辺
(80ページ参照)

温度帯1では開花中、**温度帯2**では開花し始めます。一番デリケートな時期なので満開になるまで移動は避けましょう。また、暖房の温風が直接当たらないように注意しましょう。**温度帯3**ではまだ蕾が伸びてくることはありません。

水やり：植え込み材料が乾ききる前に

1月に準じます(39ページ参照)。バルブにしわを見つけたら、水不足なので少し水やりの回数や量をふやします。

肥料：不要

温度帯1：昼間25℃以上、夜間20℃以上
温度帯2：昼間20℃以上、夜間10℃程度
温度帯3：昼間15℃以下、夜間5℃程度

今月の管理

室内の日当たりのよい窓辺
植え込み材料が乾ききる前に。
蕾、花芽が成長中ならふやす。
不要
カイガラムシ

キンギアナムタイプ

置き場：室内の日当たりのよい窓辺
(80ページ参照)

ノビルタイプに準じます。**温度帯2**にあるものは開花し始めます。

水やり：乾ききる前に

ノビルタイプに準じます。水を十分に与えても蕾が落ちる場合は、室温が高すぎか温風が直接蕾に当たっていると考えてください。

肥料：不要

下垂タイプ

置き場：室内の日当たりのよい窓辺
(80ページ参照)

ノビルタイプに準じます。洋服掛けや洗濯物干しなどを利用してぶら下げます。株に大きな変化はありません。

水やり：乾ききる前に

ノビルタイプに準じます。室温が低めで水やりが少ないと、早めに落葉を始める株があります。自然の現象ですから特に心配はありません。

肥料：不要

カリスタタイプ

置き場：室内の日当たりのよい窓辺
(80ページ参照)

ノビルタイプに準じます。株に大きな変化はありません。

水やり：乾ききる前に

ノビルタイプに準じます。

肥料：不要

病害虫の防除

カイガラムシ(91ページ参照)

バルブや根元、葉裏などを点検し、見つけたら殺虫剤で駆除します。

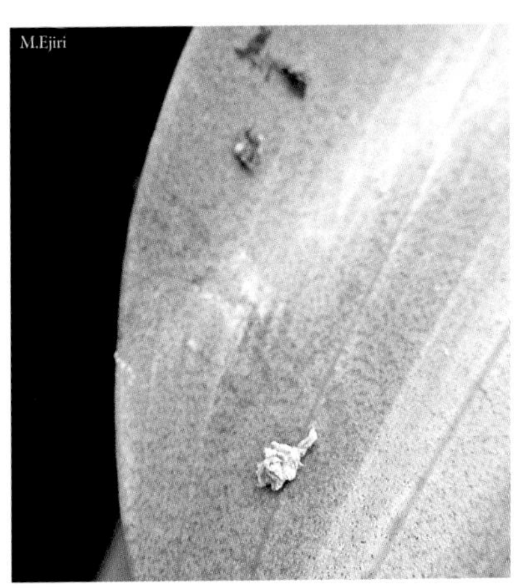

葉裏に潜んでいるコナカイガラムシの一種。体が白いロウ状の物質で覆われている。

March

3月

今月の主な作業

基本 花がら摘み

基本 基本の作業
トライ 中級・上級者向けの作業

3月のデンドロビウム

温度帯2の環境で栽培しているノビルタイプは開花の最盛期、キンギアナムタイプは開花中、下垂タイプはそろそろ蕾を節々からふくらませ始めます。一方、カリスタタイプは12月からほぼ変わらない株姿で冬を過ごしています。温度帯3ではノビルタイプの開花がゆっくりと始まりますが、ほかのタイプに大きな変化はありません。

ヤスコスギヤマ'マーチ'。花弁全体が暖色黄色系で、赤褐色の目が入る。厚弁で花もちがよい。草丈40〜50cm。

温度帯1：昼間25℃以上、夜間20℃以上
温度帯2：昼間20℃以上、夜間10℃程度
温度帯3：昼間15℃以下、夜間5℃程度

主な作業

基本 花がら摘み

咲き終わった花を取る

ノビルタイプ、キンギアナムタイプともにたくさんの花を咲かせます。そのため花が一斉に終わることは少なく、1輪ずつ枯れてきます。きれいに咲いている花の中に枯れた花が残っていると見栄えがよくないので、枯れ始めた花から指先で摘み取るか、消毒した刃先の細いハサミで1輪ずつ切り落としていきます。残しておいても生育には影響ありませんが、思わぬ病気の発生源になることもあります。

みすぼらしくなった花だけ切る。

残りの花をもう少し楽しめる。

今月の管理

- 室内の日当たりのよい窓辺
- 植え込み材料が乾ききる前に。気温上昇とともにふやす
- 不要
- アブラムシ、スリップス、ナメクジ

1月 2月 **3月** 4月 5月 6月 7月 8月 9月 10月 11月 12月

管理

ノビルタイプ

置き場：室内。下旬から戸外可

1月に準じます（38ページ参照）が、花の終わった株は下旬からは戸外に出してもよいでしょう。開花中はあまり日当たりを気にする必要はないので、室内の飾りたい場所で十分楽しみましょう。

水やり：気温上昇に合わせてふやす

気温が徐々に上がり始めるので、それに合わせて水やりも徐々にふやします。植え込み材料がまだ少し湿っているときにたっぷり与えるようにします。まだこれから咲く蕾がある場合はやや多めに与えます。

肥料：不要

キンギアナムタイプ

置き場：室内。下旬から戸外

花の終わった株は下旬から戸外に出してもよいでしょう。

水やり：乾ききる前に

1月に準じます（40ページ参照）が、気温の上昇に合わせてふやします。

肥料：不要

下垂タイプ

落葉が始まると一気に葉が落ちるものがほとんどです。落ち葉はこまめに取り除きます。

置き場：室内の日当たりのよい窓辺（80ページ参照）

水やり：乾ききる前に（40ページ参照）

肥料：不要

カリスタタイプ

置き場：室内の日当たりのよい窓辺（80ページ参照）

水やり：乾ききる前に（40ページ参照）

肥料：不要

病害虫の防除（90～93ページ参照）

アブラムシ

蕾や花芽に発生しやすい時期です。見つけしだい、適用のある殺虫剤を散布して駆除します。

スリップス

花弁の重なり合う部分が茶色くなっていたらスリップスによる食害です。適用のある殺虫剤で駆除します。

ナメクジ

戸外に出した株の新芽が食害されることがあるので注意しましょう。

April

4月

今月の主な作業

- 基本 花がら摘み
- 基本 植え替え、株分け
- トライ コルクづけ
- トライ 高芽とり
- トライ 茎伏せ

基本 基本の作業
トライ 中級・上級者向けの作業

4月のデンドロビウム

冬の間、暖かな部屋で栽培していたノビルタイプとキンギアナムタイプは花がそろそろ終わり、株元から新芽が伸び始めます。下垂タイプは開花期を迎え、同時に新芽も伸ばします。カリスタタイプはそろそろ花芽をふくらませてくるころです。

一方、冬の間、温度が低めの部屋で栽培していたノビルタイプとキンギアナムタイプは、これから開花が始まります。下垂タイプは緑色だった葉が急に茶色くなり落葉します。

スペシオキンギアナム'サクラコ'。丈夫な原種一代交配種。コンパクトな株姿で、薄ピンク色の花を咲かせる。草丈は20～25cm。

主な作業

基本 花がら摘み（44ページ参照）

咲き終わった花は、指先で摘み取るか、消毒したハサミで１輪ずつ切り落とします。

基本 植え替え、株分け（49～57ページ参照）

数年に１回は行う

数年間同じ鉢で栽培し、鉢いっぱいに株が育ってきたものは植え替えや株分けが必要です。ノビルタイプ、キンギアナムタイプは適期です。

トライ コルクづけ（58ページ参照）

小型のノビルタイプや下垂タイプはコルクやヘゴ板などに着生させて栽培することもできます。

トライ 高芽とり（62～63ページ参照）

バルブの節から芽が伸び出し、小さな株に育った高芽を切り取って株をふやすことができます。

トライ 茎伏せ（59ページ参照）

切ったバルブを水ゴケの上に横に伏せておくと、節から新芽が出て株をふやせます。

今月の管理

- 室内から風通しのよい戸外へ
- 植え込み材料が乾く前に。開花、成長に応じてふやす
- ノビルタイプは下旬に置き肥
- アブラムシ、スリップス、ナメクジ

管理

ノビルタイプ

置き場：順に戸外栽培に切り替える

花の終わった株、植え替えの済んだ株から風通しのよい戸外に出します(下参照)。置き場には遮光ネットを張り、強い日光に直接当てないようにします。

水やり：気温上昇に合わせ徐々に

春はまだ気温が不安定です。そのため、水やりは気温により与え方に調節が必要で、気温の高い日はたっぷりと水を与え、気温の低い日は晴れていても水を与えません。

肥料：固形肥料を施す

気温がかなり上がる4月下旬になったら、まずは有機質固形肥料（N-P-K=4-6-2など）を株元に置き肥します。

基本 戸外の置き場 適期＝4〜10月

風通しのよい戸外の日なた

デンドロビウムは洋ランのなかでも特に日光が好きなので、風通しのよい戸外で、朝から午後遅くまでの長い時間日光に当たる場所を選びます。ただし、直射日光では強すぎるため、必ず園芸用の遮光ネットを張り、強い日光に直接当てないようにします。ネットは遮光率が35〜40%のものを用意します。

鉢は地面に直接置かず、必ず高さ50〜60cmの台を設置してその上に置くようにします。また、ネットの高さは株の上から最低1m以上離し、斜めからの日光にも気をつけて側面にも張ります。

NP-T.Narikiyo

キンギアナムタイプ

置き場：室内から戸外へ

花の終わった株、植え替えの済んだ株から風通しのよい戸外に出します(47ページ参照)。

水やり：乾いてきたらたっぷり

ノビルタイプに比べやや新芽の伸び始める時期が遅くなるため、まだこの季節は乾いてきたらたっぷり与えるという水やりを行います。天気がよく、気温が高めの日に水やりを行います。

肥料：不要

下垂タイプ

置き場：室内から戸外へ

花が終わった株から戸外の風通しのよい場所に出します(47ページ参照)。

水やり：乾いてきたらたっぷり

満開まで水を絶対に切らさないようにします。多くの下垂タイプは小ぶりな鉢に植わっているため、乾きが早いので注意します。花が終わるころに新芽が伸び始めるので、カラカラに乾かさないように注意して水を与えます。

肥料：不要

カリスタタイプ

置き場：室内(80ページ参照)

水やり：乾いたらたっぷり

蕾が伸びてきたら水をややふやして、極端に乾燥しないように注意します。

肥料：不要

病害虫の防除(90～93ページ参照)

アブラムシ

蕾や花芽に発生します。見栄えが悪くなるうえ、病気を運んでくる可能性もあるので、見つけしだい、適用のある殺虫剤を散布して駆除しましょう。殺虫剤の散布は株を戸外に出して行います。

スペシオサムの花に大量に発生したアブラムシ。すぐにふえるので、よく観察して数が少ないうちに駆除する。

スリップス

花弁の重なり合う部分が茶色くなっていたらスリップスによる食害の可能性があります。適用のある殺虫剤で駆除します。

ナメクジ

伸び始めの新芽はナメクジが好んで食べるごちそうです。ナメクジに新芽を傷められると、これからの生育が非常に悪くなります。見つけたら殺ナメクジ剤を周囲に散布して駆除します。

基本 植え替え、株分け

適期＝4月〜5月中旬

2〜3年に1回、春に行う

デンドロビウムを長期間同じ鉢のまま栽培すると、鉢内が根でいっぱいになり、だんだんと生育が悪くなってきます。また生育が悪くなると花も咲きにくくなります。そのため2〜3年に1回の定期的な植え替えが必要です。

植え替えは4月〜5月中旬が適期で、株元から新芽が伸び始めるころに行うと順調に育ってくれます。植え替えが遅れて新芽が大きくなってから行うと、その年の生育は不良となり株が大きく育ちません。そのため花が咲かないこともあります。

鉢を大きくする植え替え、
株を小さくする株分け

植え替えには、現在植わっている鉢より一〜二回り大きい鉢に植え替える（鉢広げ）場合と、大きく育った株をいくつかの小ぶりな株に分けて植える株分けがあります。作業方法は50〜57ページ、植え込み材料や鉢、道具については84、88ページを参照してください。

花が終わり、株元から新芽が伸び始めて植え替え適期の株。

下垂タイプは、古いバルブと新芽が密着して生育する性質があるため、株分けがしにくいです。植え替えの際は徐々に大きな鉢に植え替えていき、株を大きく育てるようにしましょう。また、カリスタタイプは株が大きいと開花したときに迫力が出てきます。植え替えの際は、かなり大きく育った株以外は株分けを控え、大きな株に育て上げましょう。

Column

植え替え適期に花が咲いていたら

冬の間、寒い部屋で栽培している場合は、開花が4月ごろになる場合もあります。5月中旬までに花が終われば直ちに植え替えますが、下旬まで遅れそうな場合は早めに花を切り、植え替えを優先します。いつまでも花を楽しんで植え替えの時期が遅れると、その年は生育不良になる可能性があります。

冬の間暖かい部屋で栽培している場合は、早めの植え替えも可能で3月下旬から行います。

基本 植え替え（水ゴケで植える場合）

例：ノビルタイプ　※水ゴケについては84ページ参照

植え替える株

伸び始めている新芽が育つにはポットが小さいので植え替える。

支柱を抜く

支柱を留めているビニールタイを外し、支柱を引き抜く。

花を摘む

咲き残っている花や花がらはすべて切り取る。

根鉢をポットから抜く

この株は根が健全でよく張り、水ゴケの傷みも少ない。

根鉢をカット

根鉢の下3分の1をハサミで切る。

手で水ゴケをほぐす

根がびっしりと張っている場合は、根鉢に対し縦にハサミを入れて切るとよい。

7
水ゴケを取り除く
ある程度ほぐしたら、ピンセットを使い水ゴケを取り除く。根はある程度切れても大丈夫。

一回り大きい素焼き鉢に
これまでより一回り大きい左の素焼き鉢を使う。右の鉢では大きすぎる。※水ゴケには乾きやすい素焼き鉢が適している。

8
傷んだ水ゴケも取り除く
表面の藻類で覆われて傷んだ水ゴケ、腐った水ゴケも取り除く。

Column

なぜ小さめの鉢に植えるの？
デンドロビウムのような着生ランは、植え込み材料の乾湿を交互に繰り返すと、根がよく伸び、株の生育が旺盛になります。水やり後に早く植え込み材料が乾くようにするため、株に対してかなり小さく思える鉢を用います。

9
芯まで取り除かなくてＯＫ
この程度まで水ゴケを落とす。芯まで取り除く必要はない。水ゴケが傷んでいる場合はすべて取り除く。

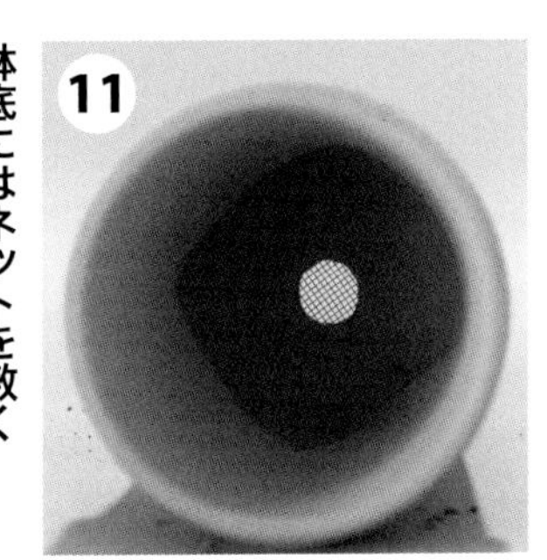

鉢底にはネットを敷く
穴から虫が中に入り込まないよう鉢底にはネットを敷いたほうがよい。

12 根に水ゴケを巻く

根に新しい水ゴケを均等に巻く。水ゴケの繊維の向きをそろえて持ち、まずは一巻き。

13 さらに水ゴケを巻きつける

垂れ下がった水ゴケを拾い上げながら、横に大きくなるように巻いていく。下にはあまりつけない。

14 鉢よりも一回り大きく

植える鉢の直径よりも一回り大きくなるまで水ゴケを巻きつける。

15 水ゴケを鉢に押し込む

ノビルタイプは四方に新芽が出るので、株は鉢の中央に。

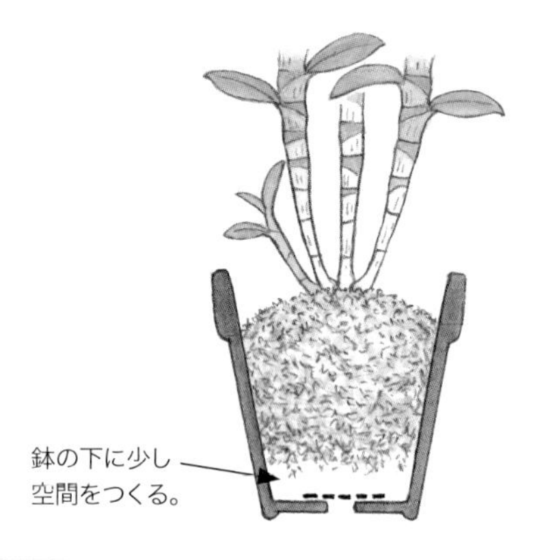

Column

固すぎず、柔らかすぎず

水ゴケ植えの場合、巻いた水ゴケが少なく植えつけが柔らかすぎると株がぐらつき、また水もすぐに乾いてしまいます。逆に固すぎると水がしみ込んでいかなくなります。株がぐらつかない、ほどよい固さに植え込むと生育がよくなります。

16

へらで縁に押し込む

植え込み棒などを使って縁に水ゴケを押し込んでいく。表面が鉢の縁から指の第一関節分下にくるように。

Column

新芽を埋めない！

　水ゴケを巻いたり、植えつけたりする際、深植えにならないように注意します。株元が水ゴケの下に埋まってしまうと、伸び始めの新芽が腐ってしまうこともあります。ミックスコンポストなどの場合も同じです。

表面を整える

最後にピンセットを使って水ゴケの表面を整える。

植え替え完了

株が自立しない場合は支柱を立てて安定させる。

植えつけの位置と深さ

株が鉢の中央にあり、根とバルブの境目が見える深さ。

新芽が鉢の中央になるよう株を片側に寄せている。

株元が鉢の縁より高く、根が露出している。

基本 植え替え（ミックスコンポストで植える場合）

例：キンギアナムタイプ　※ミックスコンポストについては84ページ参照

植え替える株

ポットいっぱいで、新芽が伸びるスペースがないので植え替える。

2 ゴムハンマーで鉢縁をたたく

根がいっぱいで鉢から抜けないときは、まずゴムハンマーで縁をたたく。

鉢の上からもみほぐす

さらに鉢の上からもみほぐして、ポットから根鉢を抜く。

根鉢をカット

根鉢の下3分の1をハサミで切る。

根鉢に切れ目を入れる

根がびっしり張っているので、コンポストを落としやすいように根鉢に2〜3か所、縦に切れ目を入れる。

コンポストを落とす

根をほぐしながらコンポストを落とす。根はある程度ちぎれても大丈夫。

鉢はやや大きめに

キンギアナムタイプは二回りほど大きい余裕のある鉢を用意し、一番新しいバルブが鉢の中央にくるよう株を据える。

深さは根とバルブの境目（指さしている位置）が縁から指の第一関節分下にくるようにする。水やり時に、一時的に水がたまるスペースとなる。

コンポストを入れる

株の周囲にミックスコンポストを入れ、植え込み棒などを使ってしっかりとつき入れる。

※コンポストは水ゴケに比べて乾きやすいので、プラスチック鉢が適している。

指でさらに押し込む

ミックスコンポストは詰め込みすぎになることはほぼないので、さらに指で押し込む。

株を持って確認

株を持って持ち上げると、鉢も一緒に持ち上がるようならＯＫ。

たっぷり水やり

ラベルを戻し、すぐにたっぷり水をやったら完了。

基本 株分け

例:ノビルタイプ

花より株分け優先

5月中旬までは花が終わりしだい植え替えを行うが、遅れそうな場合は早めに花を切り、植え替えを優先する。

花をすべて切る

消毒したハサミを使いすべての花を花柄のつけ根で切り取る。支柱があれば抜いておく。

鉢から根鉢を抜く

5～6年放置していたので、水ゴケはほとんど腐っていて、根に傷みもある。(白いものは発泡スチロール片)。

ゴムハンマーで鉢縁をたたく

根がいっぱいで鉢から抜けないときは、まずゴムハンマーで縁をたたく。

株を分ける

ぐらぐらして分かれそうな部分を見つけ、引きはがすようにして株を分ける(上)。この株は3つに分けた(下)。

6 枯れたバルブを除去

枯れたバルブは取り除く。高芽があれば同様に取り除いておく（高芽とりは62〜63ページ参照）。

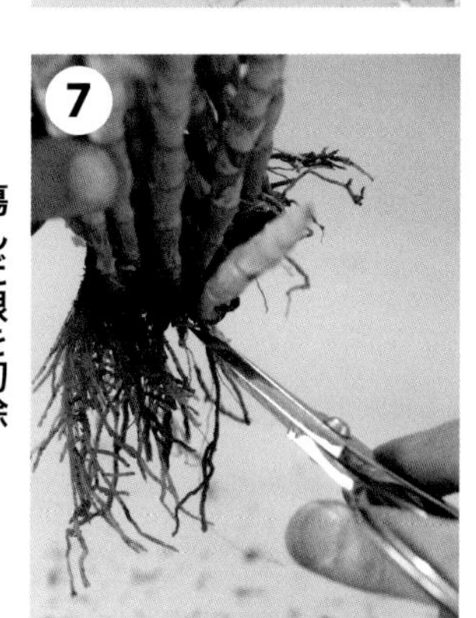

7 傷んだ根を切除

古い水ゴケをすべて取り去り、傷んだり腐ったりして黒くなった根を切る。

8 小さい鉢を選ぶ

根が少なくなったので、株が入るできるだけ小さな鉢（左）に植えつける。

9 根に水ゴケを巻く

植える鉢の直径よりも一回り大きくなるまで水ゴケを巻きつける（52ページ参照）。

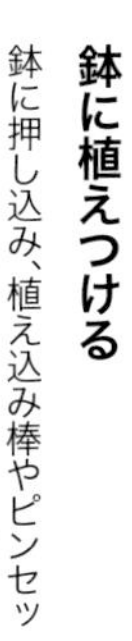

10 鉢に植えつける

鉢に押し込み、植え込み棒やピンセットを使って水ゴケを整える（53ページ参照）。

11 植えつけ完了

根の回復を図って栽培し、1年後に根がしっかりと張っていたら、やや大きめの鉢に植え替える。

トライ コルクづけ

適期＝4月〜5月中旬

例:ノビルタイプ(カシオープ)

小型のノビルタイプや下垂タイプは、コルクやヘゴ板、流木などに着生させて栽培することもできます。着生するまでの間に株が少し弱るため、元気な状態に回復するまで2年ほどかかりますが、その後は10年以上にわたり植え替えの手間は省けます。開花姿も鉢植えとは異なる趣があるので、挑戦してもおもしろい栽培方法です。

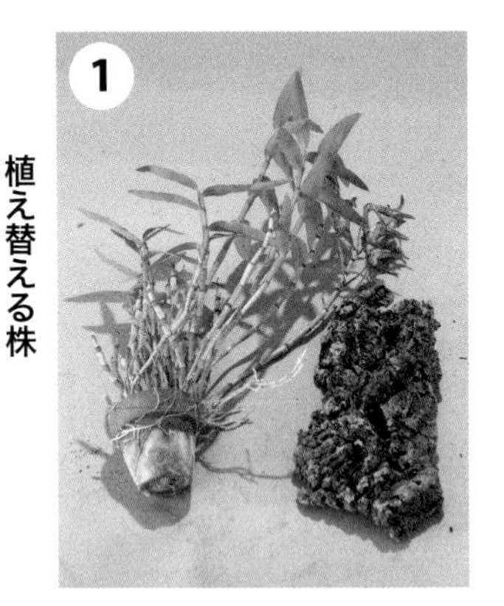

1 植え替える株

着生させる鉢植えの株とコルク。着生させるのは花の終わった直後が理想。

2 根鉢をカットしてほぐす

鉢から根鉢を抜き、下3分の1程度をカット(上)。残った根鉢の下面をほぐして平らに広げる(下)。

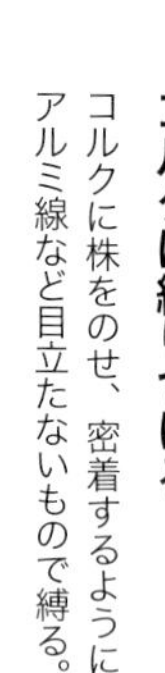

3 コルクに縛りつける

コルクに株をのせ、密着するようにアルミ線など目立たないもので縛る。

4 コルクづけ完了

ノビルタイプは平らなところに置いておいてもよいが、下垂タイプは必ず吊り下げ用のフックをつけてぶら下げて管理する。

コルクづけ後の管理

鉢植えの株と同様、遮光した置き場で、乾かさないよう毎日水やりして管理。根が伸び始めたら、7月末まで週1回液体肥料を施す。

作業後約2か月。伸び出した白い新根。

茎伏せ

例：ノビルタイプ

適期＝4月〜5月中旬

花の咲き終わったバルブを使って株をふやす方法で、切ったバルブを水ゴケの上に横に伏せておきます。2か月ほどで新芽と根が伸び出し、秋までには小さな苗ができ上がります。上手に管理すれば3年ほどで咲いてきます。

1 バルブを採取

花が咲き終わったバルブを株元から切り取る。

2 花の咲かなかった部分を使う

花の咲いた節からは芽や根が出ないので、バルブの下の部分（指で示した部分）を使用する。

3 水ゴケの上に伏せる

平鉢に水ゴケを敷き詰め、バルブを横にして並べる。

茎伏せ後の管理

明るい日陰に置き、水ゴケを乾かさないよう管理する。新芽と根が伸び出し小さな苗になったら、その年の秋か翌春に苗を1株ずつ鉢上げする。その後は成株と同様の管理を行う。

茎伏せから約50日、節から新芽が伸び始めた。

茎伏せから約3か月、根が長く伸び、葉も2枚展開した。

May

5月

今月の主な作業

基本 花がら摘み
基本 植え替え、株分け
トライ コルクづけ
トライ 高芽とり
トライ 茎伏せ

基本 基本の作業
トライ 中級・上級者向けの作業

5月のデンドロビウム

ノビルタイプとキンギアナムタイプはほとんどは花が終わり、少し遅れて咲いた株も下旬には咲き終えます。ノビルタイプは新芽が元気よく伸び、キンギアナムタイプの新芽も中旬くらいからゆっくりと伸び始めます。下垂タイプは一斉に開花が始まり、ほぼ同時に新芽が伸び始めてきます。カリスタタイプは太い蕾の房を伸ばし始め、伸び始めたと思ったら一気に咲いてきます。

ブリリアントスマイル'インペリアル'。明るいピンク色の大輪花で、すっきりとした黄目を持つ。草丈40〜50cm。

主な作業

基本 花がら摘み（44ページ参照）

咲き終わった花は、摘み取ります。

基本 植え替え、株分け（49〜57ページ参照）

いずれのタイプも花が終わりしだい植え替えを行います。下旬まで遅れそうな場合は、早めに花を切り、植え替えを優先します。いつまでも花を楽しんでいて植え替えの時期が遅れると、今年の生育が不良になる可能性があるため５月中には必ず植え替えを終わらせます。

トライ コルクづけ（58ページ参照）

小型のノビルタイプに加え、下垂タイプも作業が可能になります。

トライ 高芽とり（62〜63ページ参照）

バルブの節から芽が伸び出した高芽をとって株をふやす方法です。

トライ 茎伏せ（59ページ参照）

切ったバルブを水ゴケの上に横に伏せて株をふやす方法です。

今月の管理

- 順に室内から風通しのよい戸外へ
- 植え込み材料が乾く前に。気温の上昇に伴いふやす
- 植え替えない株から施し始める
- ナメクジ

管理

ノビルタイプ

置き場：順に戸外栽培に切り替える

花の終わった株、植え替えの済んだ株から風通しのよい戸外に出します。置き場には遮光ネットを必ず張り、強い日光に直接当てないようにします(47ページ参照)。

水やり：気温上昇に合わせ徐々に

気温の高い日はたっぷりと水を与え、気温の低い日は晴れていても水を与えません。

肥料：固形肥料と液体肥料を併用

植え替えの必要がない株には肥料を施し始めます。まず有機質固形肥料を株元に置き肥し、その後週1回、液体肥料を施します。植え替えを行った株は、植え替え後3～4週間は肥料を施しません。植え替え後に新しい根が伸び始めると、動きの止まっていた新芽が伸び始めます。この様子を確認してから肥料を施し始めます。

キンギアナムタイプ

置き場：室内から戸外へ

花の終わった株や植え替えの済んだ株から戸外に出します(47ページ参照)。

水やり：湿り気のあるうちにたっぷり

新芽の伸びを確認したら、与える水の量をふやしていきます。乾いてから水を与えるのではなく、まだ湿り気のあるうちに与えるようにします。

肥料：固形肥料と液体肥料を併用

大型連休明けから施し始めます。

下垂タイプ

置き場：室内から戸外へ

花が終わったら戸外に出し、風通しのよい場所に吊り下げます(47ページ参照)。

水やり：湿り気のあるうちにたっぷり

花が終わるころから急に新芽の伸びが早くなります。この状態を確認したら、乾いてから与えるのではなく、植え込み材料に少し湿り気があるうちに水を与えるようにします。5～9月は乾かす必要はなく、積極的に水を与えていく季節です。

肥料：固形肥料と液体肥料を併用

新芽が伸び始めたら施し始めます。

カリスタタイプ

置き場：室内から戸外へ

戸外に出す時期ですが、同時に花も咲いてきます。カリスタタイプは花の咲いている期間が比較的短いので、蕾が咲きそうな株は室内の日当たりのよい窓辺で花を楽しみ、花が終わりしだい、戸外に出します（47ページ参照）。

水やり：乾く前にたっぷり

蕾のふくらみが大きくなってきたらたっぷりと水を与えます。植え込み材料が絶対乾かないようにしましょう。

肥料：固形肥料と液体肥料を併用

戸外に出した株から施し始めます。

病害虫の防除

ナメクジ（91ページ参照）

新芽を好んで食べるので、見つけたら殺ナメクジ剤で駆除します。

開花を目前にして、蕾をナメクジに食害されたファーメリ。

トライ 高芽とり

適期＝4月〜5月中旬

例：ノビルタイプ

バルブの節から芽が伸び出し、小さな株に育ったものを高芽と呼びます。高芽が長さ3〜4cm以上になり、新根が3〜4本伸びていれば、切り取って植えて株をふやすことができます。最適期は4〜5月ですが、9月ごろまでは可能です。

植え床を準備

素焼き鉢の底に鉢かけを入れ（上）、その上に水ゴケを敷いておく（下）。

高芽をバルブから外す

根の伸びている高芽をつかみ、倒すようにしてバルブから外す。バルブの皮をむかないように注意。

根に水ゴケを巻く

外した高芽の根に水ゴケを巻きつける。

鉢に詰め込む

水ゴケを巻いた高芽を鉢に並べて詰めていく。3号鉢で5芽程度が目安。

水ゴケを整える

芽の出る部分が埋まらないように、水ゴケの表面を整えておく。

植えつけ完了

高芽とり後の管理

それぞれのタイプの成株と同様に管理すると、1か月ほどで新芽が伸び出してくる。写真は作業後約2か月（6月下旬）の様子で、開花した高芽があった。

June

6月

今月の主な作業

基本 特にない

基本 基本の作業

トライ 中級・上級者向けの作業

6月のデンドロビウム

春に植え替えた株は、すべてのタイプでバルブが少しやせてきます。新しい根がまだ十分に伸びていないため、株内の水分を消耗しながら新芽や新根を伸ばしているためです。少し心配になりますが、正常な状態です。新芽が動き始めたら、鉢内の根も伸び始めているサインです。

ノビルタイプや下垂タイプで落葉しなかった葉が黄変し落ちることがありますが問題はありません。

ファンシーレディ'ローヤルプリンセス'。花弁全体がやや黄色みを帯び、すべての花弁の先にくさびが入る。草丈40～50cm。

管理

ノビルタイプ

置き場：風通しのよい戸外の遮光下
(47ページ参照)

水やり：植え込み材料を乾かさない

梅雨に入ると雨が多くなりますが、そのまま雨に当てながら栽培します。雨の降らない日は曇りの日でも必ず水をたっぷり与えます。

肥料：置き肥を交換する

5月に有機質固形肥料を置き肥したものは、1か月（肥効期間が長いものはそれに合わせる）たったら、新しい有機質固形肥料に交換します。液体肥料も週1回程度、雨の合間に施します。5月に植え替えた株にも、今月から肥料を施し始めましょう。

キンギアナムタイプ

置き場：風通しのよい戸外の遮光下
(47ページ参照)

雨や曇りが多く遮光ネットを外したくなりますが、梅雨の晴れ間の日ざしは強くネットを外してしまうと葉焼けを起こすこともあるので、外さず栽培

今月の管理

- 風通しのよい戸外の遮光下
- 植え込み材料を乾かさない。
  雨に当てる。
- 固形肥料と液体肥料を併用
- ナメクジ

を続けます。

水やり：植え込み材料を乾かさない

ノビルタイプに準じます。

肥料：置き肥を交換する

ノビルタイプに準じます。

下垂タイプ

置き場：風通しのよい戸外の遮光下
(47 ページ参照)

遮光ネットを張った下に吊るして栽培します。梅雨の雨にはしっかり当てます。

水やり：絶対に乾燥させない

ノビルタイプに準じます。

肥料：置き肥を交換する

ノビルタイプに準じます。

カリスタタイプ

置き場：風通しのよい戸外の遮光下
(47 ページ参照)

雨風によく当たる場所を選びます。

水やり：絶対に乾燥させない

ノビルタイプに準じます。

肥料：置き肥を交換する

ノビルタイプに準じます。

病害虫の防除

ナメクジ (91 ページ参照)

梅雨どきは特にナメクジの活動が活発になり、新芽をナメクジに食べられやすい時期です。下垂タイプなど吊るして栽培していると安全な気がしますが、やはりナメクジはやってくるので注意します。

殺ナメクジ剤の使用法

ナメクジの食害を発見したり、株や鉢にナメクジの這った跡などを発見したら、周囲に殺ナメクジ剤を散布します。吊るして栽培している場合は、株元に少しだけ殺ナメクジ剤を散布しておきます。

雨がかかると成分が弱まるるため、雨の合間の曇りの日に散布するか、写真のように空いたペットボトルや空き缶などの両側を切り取り、その中に殺ナメクジ剤を入れて株の周囲に置いてもよいでしょう。一晩置いておくだけでナメクジの駆除にはかなり有効です。

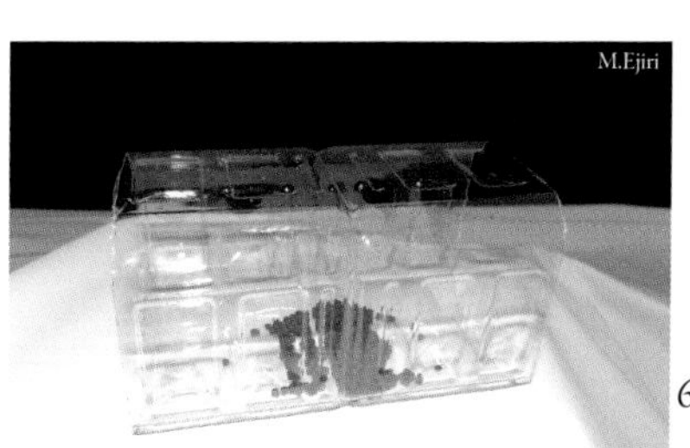
M.Ejiri

July

7月

今月の主な作業

基本 草取り

基本 基本の作業

トライ 中級・上級者向けの作業

7月のデンドロビウム

ノビルタイプと下垂タイプは、元気に新芽を勢いよく伸ばしてきます。この季節に新芽を十分伸ばしておくと秋に太く大きなバルブに育ちます。この季節の新芽は、水やりと比例するように伸びてくれるので、十分な水やりを行います。

キンギアナムタイプとカリスタタイプはこれからが本格的に新芽が伸びる季節になります。

ホワイトジュエル。明るい白色の中輪花で、花弁の先端にほんのりと薄いピンクが入る。草丈30～40cm。

主な作業

基本 草取り

鉢内に生えた雑草は小さいうちに取り除きます。夏によく生えますが、夏以外の季節でも生えたら随時取ります。

ピンセットで草の根元を摘み、引き抜く。

管理

ノビルタイプ

置き場：風通しのよい戸外の遮光下
(47 ページ参照)

猛暑になり気温が上がると葉焼けの可能性があります。真夏だけ追加でもう1枚遮光ネットを重ねて張ってもよいでしょう。

今月の管理

- 風通しのよい戸外の遮光下
- 毎日たっぷり。水も与える
- 固形肥料と液体肥料を併用
- ナメクジ、ハダニ

水やり：植え込み材料を乾かさない

非常に水が必要になる季節です。晴れた日や曇りの日は毎朝必ずたっぷりと水やりを行います。植え込み材料に常に新鮮な水が行き渡り、乾燥することのないようにします。

梅雨が明け高温期に入ったら、葉水を午前と午後に与えます。これにより夏バテ防止と葉焼け防止になります。また熱帯夜の予報が出たら、日暮れのころにも葉水を与え、置き場周囲の床面にも水をまいておきます。まわりに植木などがある場合は植木にも水をかけておくと、夜間ある程度涼しくなり、夏バテ防止になります。

葉水

気温の上がってくる午前10～11時ごろに葉水と呼ばれる水を、ハス口などを使ってシャワーのように株全体にかけます。熱せられた葉の温度が下がり、葉焼けの防止になります。午後も引き続き暑い場合は、2～3時ごろに同様の葉水を行うとよいでしょう。

肥料：固形肥料と液体肥料を併用

6月に有機質固形肥料を交換したものは、1か月（肥効期間が長いものはそれに合わせる）たったら、もう1回新しい肥料に交換します。有機質固形肥料は今年はこれが最後です。液体肥料は週1回程度施し続けます。

葉水。細かい目のハス口をホースやジョウロの先につけ、株全体にシャワーをかける。

キンギアナムタイプ

置き場：風通しのよい戸外の遮光下
（47ページ参照）

水やり：植え込み材料を乾かさない
ノビルタイプに準じます。葉水も同様に与えます。

肥料：固形肥料と液体肥料を併用
ノビルタイプに準じます。

下垂タイプ

置き場：風通しのよい戸外の遮光下
（47ページ参照）
遮光ネットを張った下に吊るして栽培します。下垂タイプは特に風通しが重要です。

水やり：絶対に乾燥させない
吊るして栽培するので非常に早く乾いてきます。水やりは毎日、よく晴れて気温の高い日などは1日2回行ってもいいくらいです。真夏日など気温が非常に高くなるときは、日中2回程度の葉水を与えます。午後の葉水のときに朝の水やりと同じくらいの水を鉢にも与えるとよいでしょう。素焼き鉢植えの場合は、鉢の表面にコケが少し生えてくるくらいが理想的な水やりです。

肥料：固形肥料と液体肥料を併用
ノビルタイプに準じます。

カリスタタイプ

置き場：風通しのよい戸外の遮光下
（47ページ参照）
雨風によく当たる場所を選びます。猛暑になり気温が上がると葉焼けの可能性があります。真夏だけ追加でもう1枚遮光ネットを重ねて張ってもよいでしょう。

水やり：絶対に乾燥させない
ノビルタイプに準じます。

肥料：固形肥料と液体肥料を併用
ノビルタイプに準じます。

病害虫の防除 （90～93ページ参照）

ナメクジ
引き続きナメクジの食害に注意します。

ハダニ
真夏の高温乾燥期はハダニが発生することがあります。葉裏が白っぽくなっていたらハダニの食害痕と考えましょう。姿を見つけられなくても殺ダニ剤を散布しておきます。

ハダニの被害を受けた葉。ハダニはもういないが、葉裏で吸汁され、汁を吸われた部分の葉の細胞が死んで白いカスリ状に見える。

Column

セッコク（石斛）――日本自生のデンドロビウム

セッコク（*Dendrobium moniliforme* デンドロビウム・モニリフォルメ）は、日本に自生する小型のデンドロビウムです。北限は宮城県北部あたりとされ、本州から四国、九州にかけて、樹木に着生して広く分布しています。また朝鮮半島、台湾、中国の一部にも自生するとされています。

「セッコク」の名前は中国名の石斛の日本語読みセキコクがもとになったとされています。中国での石斛はデンドロビウム属の総称であったと思われますが、日本にこの名前が伝わったときに日本にあるデンドロビウムはモニリフォルメだけであったため、石斛（セッコク）＝モニリフォルメが日本での一般名になったと思われます。

中国における石斛は生薬（漢方薬）としての利用が始まりで（三国時代／220年ごろ）の生薬の書籍に掲載されています）、日本にも薬として伝わってきたとされています。日本で観賞植物とされたのは江戸時代の天保（1831年～）のころからとされ、長く生きる植物であることから、もしくは長寿につながる漢方薬であることから江戸時代には「長生蘭（チョウセイラン）」という名前で幕府や大名などの趣味とされました。当時は花を咲かせるのではなく、株姿や斑入り葉や変わり葉などの葉芸を楽しむ植物とされていました。庶民が長生蘭を身近に楽しめるようになったのは明治に入ってからといわれています。

植物分類学の世界ではこの日本原産のセッコクは、1000種以上も世界に存在するデンドロビウムの基本形（タイプスピーシーズ）とされ、デンドロビウム分類の基本種ともなっています。

現在では古典植物としての長生蘭を楽しむ方に加え、デンドロビウム・モニリフォルメとして洋ランの仲間に加えて花を楽しむ方がふえています。特にデンドロビウムの交配育種が日本で盛んになり、1970年代半ばからデンドロビウム・ノビルタイプの人気が出るようになると、その後ノビルタイプとモニリフォルメとの交配が進み、独自のミニデンドロの世界をつくり上げてきています。

日本自生のデンドロビウムであるセッコクは身近な場所でも見ることができる。写真は高尾山ケーブルカー（東京都八王子市）の清滝駅構内で満開の花をつけた様子。（高尾登山電鉄提供）

伝統園芸植物として楽しまれてきた長生蘭'昭代'。

NP-M.Tsutsui

August

8月

今月の主な作業

基本 草取り

基本 基本の作業

トライ 中級・上級者向けの作業

8月のデンドロビウム

すべてのタイプのデンドロビウムが新芽をぐんぐんと伸ばしてきます。まだ長く伸びることがメインで、太り始めるものはあまりありません。

新芽の出てくるのが遅いキンギアナムタイプやカリスタタイプは8月の高温期にぐっと芽を長く伸ばしてきます。日光が十分当たらないと新芽が軟弱になり、曲がったりするので注意します。

カントリーガール'ワラベウタ'。生育旺盛でバルブがしっかりと立ち、花つきがよい。草丈30〜40cm。

主な作業

基本 **草取り**（66ページ参照）

夏は鉢内に雑草が生える季節です。雑草は水分と肥料分を奪うため、デンドロビウムの生育に影響します。常に早めに草取りを行い、鉢内をきれいな状態に保ちます。

管理

ノビルタイプ

置き場：風通しのよい戸外の遮光下
（47ページ参照）

猛暑になり気温が上がると葉焼けの可能性があります。追加でもう1枚遮光ネットを重ねて張ってもよいでしょう。

水やり：植え込み材料を乾かさない

非常に水が必要になる季節です。晴れた日や曇りの日は毎朝必ずたっぷりと水やりを行います。また、葉水（67ページ参照）を午前と午後の2回与えます。

肥料：不要

今月以降、肥料は施しません。

今月の管理

- 風通しのよい戸外の遮光下
- 毎日たっぷり。葉水も与える
- 不要
- ナメクジ、ハダニ

キンギアナムタイプ

置き場：風通しのよい戸外の遮光下
（47ページ参照）

水やり：植え込み材料を乾かさない
　ノビルタイプに準じます。葉水も同様に与えます。

肥料：不要
　今月以降、肥料は施しません。

下垂タイプ

置き場：風通しのよい戸外の遮光下
（47ページ参照）
　吊るして栽培します。下垂タイプは特に風通しが重要です。

水やり：絶対に乾燥させない
　水やりは毎日、よく晴れて気温が高い日などは1日2回行ってもいいくらいです。気温が非常に高くなるときは日中2回程度の葉水を与えます。

肥料：不要
　今月以降、肥料は施しません。

カリスタタイプ

置き場：風通しのよい戸外の遮光下
（47ページ参照）
　追加でもう1枚遮光ネットを重ねて張ってもよいでしょう。

水やり：絶対に乾燥させない
　ノビルタイプに準じます。

肥料：不要
　今月以降、肥料は施しません。

病害虫の防除（90～93ページ参照）

ハダニ
高温乾燥期が続くとハダニが発生することがあります。

ナメクジ
　ナメクジの食害を発見したり、株や鉢にナメクジの這った跡などを発見したら、周囲に殺ナメクジ剤を散布しておきます。

チャコウラナメクジ。昼間は鉢の下などに潜み、夜になると活動を始める。

M.Ejiri

September

9月

今月の主な作業

基本 支柱立て
基本 台風対策

基本 基本の作業
トライ 中級・上級者向けの作業

9月のデンドロビウム

9月に入り気温が下がり始めるとバルブの充実期に入ります。ノビルタイプや下垂タイプは株元から新芽がだんだんと太り始めてきますが、新芽の先端はまだ少しずつ伸び続けています。キンギアナムタイプは株元が少し太くなりながら、勢いよく新芽が伸び続けています。カリスタタイプは新芽が伸び続けていますが、まだ細いままで太ってくる様子はあまり見られません。

オリエンタルマジック'カーニバル'。独特のオレンジ色と黄色の入り交じった色彩がとても印象的。草丈は50〜60cm。

主な作業

基本 支柱立て（74 〜 75 ページ参照）

バルブが倒れないよう支える

ノビルタイプは新芽（バルブ）が大きくなるにつれ倒れやすくなってきます。まだバブルが太り始めたばかりですから仮の支柱を立て、育ったバルブが倒れないようにします。

基本 台風対策

強風から保護する

強風でバタバタと倒れると、せっかく育ったバルブが折れたり傷ついたりします。飛ばされたり倒れたりしないように工夫します。台風の前にすべての鉢をそっと倒しておいて、台風が通り過ぎたあとにまた起こすのもよい方法です。吊り下げている下垂タイプなどは部屋に取り込んでおくと安心です。

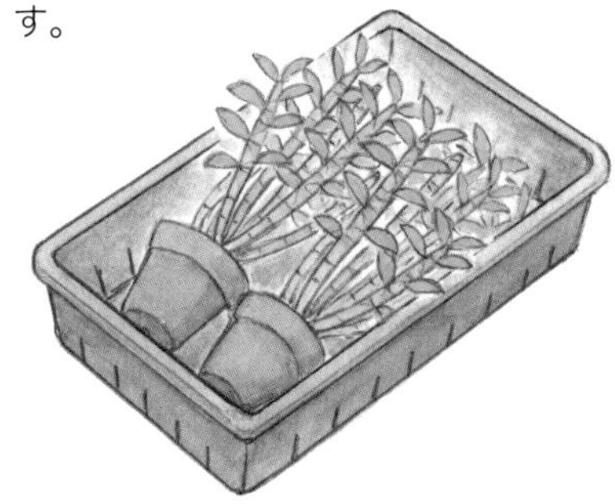

今月の管理

- 風通しのよい戸外の遮光下
- 毎日たっぷり。雨にも当てる。夜温が下がり始めたら減らす
- 不要
- 斑点病、ナメクジに注意

管理

ノビルタイプ

置き場：風通しのよい戸外の遮光下
(47 ページ参照)

真夏に追加で遮光ネットを重ねて張った場合は、追加した分を取り除きます。

水やり：夜温の低下に合わせて減らす

月の前半はまだ真夏同様にたっぷりとした水やりを続けます。夜間の温度が20℃以下になる日が連続するようになったら、徐々に水やりの回数を減らしていきます。初めは1日おきに変え、植え込み材料の水分がまだ残るうちに次の水やりを行います。9月下旬になったら、より水やりの間隔をあけ、2～3日に1回の水やりにします。水やりを減らしても植え込み材料が乾いてしまわないうちに次の水やりをします。

肥料：不要

肥料は施しません。

キンギアナムタイプ

置き場：風通しのよい戸外の遮光下
(47 ページ参照)

水やり：夜温が下がったら 1 日おきに

上旬は毎日たっぷり、夜温が20℃を下回る日が続いてきたら1日おきの水やりに変えます。まだ生育の途中なので極端に乾かさないようにします。

肥料：不要

下垂タイプ

置き場：風通しのよい戸外の遮光下
(47 ページ参照)

吊るして栽培します。下垂タイプは特に風通しが重要です。

水やり：中旬以降は 1 日おきに

まだ生育が続いているので、上旬は毎日、中旬以降も乾燥させないように1日おきくらいを目安に水を与えます。

肥料：不要

カリスタタイプ

置き場：風通しのよい戸外の遮光下
(47 ページ参照)

遮光ネットを重ねて張っていたら元の1枚だけにする。

水やり：夜温が下がったら1日おきに

キンギアナムタイプに準じます。新芽が伸び続けている間は乾かさないことが大切です。

肥料：不要

病害虫の防除（90 ～ 93 ページ参照）

斑点病

湿度がまだ高いうちに気温が下がり始めると新しい葉に黒い斑点が出てくることがあります。生育には大きな影響はありませんが、登録のある殺菌剤を散布しておきましょう。

斑点病を発症したクリソトキサム。

ナメクジ

引き続きナメクジの活動に注意します。

基本 支柱立て

適期＝9～2月

例：ノビルタイプ

ノビルタイプとカリスタタイプは、バルブの立ち姿を整え、花が咲いたときにより美しい姿で楽しめるよう支柱立てを行います。キンギアナムタイプはバルブが自立するので不要、下垂タイプも自然にまっすぐと垂れて育つので不要です。ただし、下垂タイプをノビルタイプのように上向きにして咲かせたい場合は、支柱を立てます。

1 バルブが成長したら行う

支柱立てを行う株。バルブが倒れて成長している（今年花が咲いたバルブと新バルブ1本は支柱立て済み）。

2 針金支柱をカット

針金支柱をバルブの高さに合わせて切る。立て終わってからもバルブは少し伸びるので長めにしておく。

支柱は垂直に立てる

支柱は必ず垂直に立ててバルブを誘引する。バルブのほうに合わせて支柱を斜めに立てるのは誤り。

3 バルブ個々に支柱を立てる

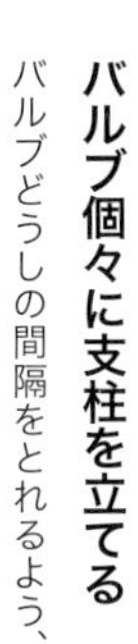

バルブどうしの間隔をとれるよう、新バルブそれぞれに支柱を立てる。鉢底に当たるまでしっかりさし込む。

4 バルブを支柱に留める

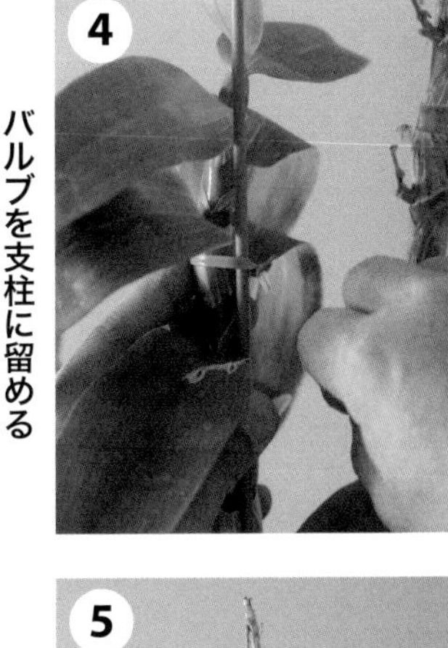

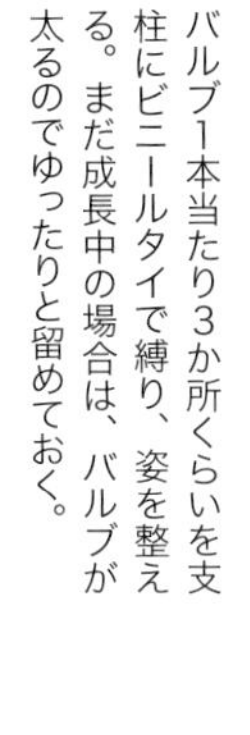

バルブ1本当たり3か所くらいを支柱にビニールタイで縛り、姿を整える。まだ成長中の場合は、バルブが太るのでゆったりと留めておく。

5 余分な支柱を切り落とす

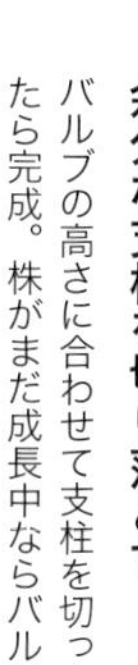

バルブの高さに合わせて支柱を切ったら完成。株がまだ成長中ならバルブの伸びが止まってから余分な支柱を切るようにする。

6 キャップをつける

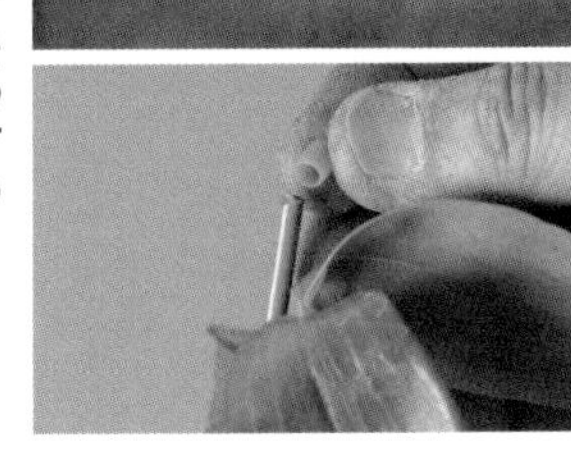

針金支柱は切ったままだと危険なので、必ずキャップをつけておく。

October

10月

今月の主な作業

基本 支柱立て
基本 台風対策

基本 基本の作業
トライ 中級・上級者向けの作業

10月のデンドロビウム

秋らしくなってくると本格的なデンドロビウムの充実期になります。ノビルタイプやキンギアナムタイプは止め葉と呼ばれる最後の葉をバルブの頂部に出して生育を終了し、その後はバルブがどんどん太ってきます。下垂タイプも止め葉を出してバルブの伸びが止まり、カリスタタイプは新芽がバルブ状に太り始めます。いずれも下旬には生育が終了し、株を充実させながら花芽を形成する状態になっていきます。

シルキーホワイト'ユキコ'。クラシカルな白に濃赤紫色の目が入る大輪花。花つきが非常によい。草丈30〜40cm。

主な作業

基本 支柱立て（74 〜 75 ページ参照）

仮の支柱の位置を調整する

ノビルタイプは多くの場合、下旬になるとバルブが完成するので、全体のバランスがよくなるように支柱の調整を行います。最終の支柱の位置を決めたらビニールタイでバルブ1本当たり3か所くらいを支柱に縛ります。

カリスタタイプもバルブの完成が近づくので、支柱立てを行い株の姿を整えます。バルブを引き起こし、バルブと葉のつけ根のあたり1か所で、まだこれから少し太るので、少しだけ余裕をもって縛っておきます。

基本 台風対策（72 ページ参照）

強風から保護する

強風で倒れてバルブが折れたり傷ついたりしないよう保護しましょう。

バルブの伸びが止まったことを示す止め葉。

今月の管理

- 風通しのよい戸外の遮光下
- 雨にも当てる。夜温が下がり始めたら減らす
- 不要
- 斑点病、ナメクジに注意

管理

ノビルタイプ

置き場：風通しのよい戸外（47ページ参照）

日ざしが弱くなってくるので遮光ネットを外してもよい時期ですが、張ったままでも特に問題はありません。また、普通に降る雨には当ててかまいませんが、台風などで長雨が予想されるときは屋根のある場所へ移動させたほうがよいでしょう。鉢内がぬれたまま気温が下がると根を傷めることがあります。

水やり：自然の雨にまかせる

雨に当てて栽培していれば、水やりはほとんど必要ありません。1か月ほども雨が降らなければ、その間に2回くらいの水やりは必要です。

肥料：不要

キンギアナムタイプ

置き場：風通しのよい戸外（47ページ参照）

遮光ネットを外し、直射日光に当てます。ほかのタイプと一緒に置いてある場合は、ネットを張ったままでもかまいません。

水やり：自然の雨にまかせる

ノビルタイプに準じます。

肥料：不要

下垂タイプ

置き場：風通しのよい戸外の遮光下（47 ページ参照）

吊るして栽培します。

水やり：自然の雨にまかせる

ノビルタイプに準じます。

肥料：不要

カリスタタイプ

置き場：風通しのよい戸外の遮光下（47 ページ参照）

株どうしの間隔をあけ完成間近のバルブによく日光が当たるようにします。

水やり：自然の雨にまかせる

ノビルタイプに準じます。

肥料：不要

病害虫の防除（90 ～ 93 ページ参照）

斑点病

引き続き葉に生じる黒い斑点に注意します。

ナメクジ

まだ活動中なので注意します。

November

11月

今月の主な作業

基本 支柱立て

基本 基本の作業

トライ 中級・上級者向けの作業

11月のデンドロビウム

すべてのタイプで株が完成しています。ノビルタイプはバルブの先端までしっかりと太ります。また春に花を咲かせたバルブについている葉が黄色くなり落葉を始めます。キンギアナムタイプは太ってきたバルブ全体が落ち着いた色彩になったらバルブの完成です。下垂タイプやカリスタタイプもバルブの先端まで太りしっかりとした株に育ち上がります。

チャンタブーンサンライズ。原種どうしの一代交配で、オレンジ色の細弁花。ノビルタイプと同様の方法で栽培できる。草丈20～30cm。

主な作業

基本 支柱立て（74～75ページ参照）

仮の支柱の位置を調整する

バルブが完成後に仮の支柱の位置の調整を行っていなければ済ませます。カリスタタイプは支柱立てがまだなら早めに行って株の姿を整えます。

管理

ノビルタイプ

置き場：**上旬～中旬をめどに室内へ**
（80ページ参照）

最低気温が15℃を下回り、10℃近くが2週間ぐらい続いたら、戸外から室内に取り込みます。室内での置き場は日当たりのよい窓辺。ガラス越しの日光が理想的で、レースのカーテンなどは不要です。

水やり：**やや多めに**

室内に取り込んでからはしばらく多めに水やりします。寒い戸外から暖かな室内に入るため急激に水が必要になります。室内に取り込んでから水やりを怠るとせっかく太ったバルブが急激

今月の管理

- 戸外から室内の日当たりのよい窓辺へ
- 取り込み後しばらくは多めに
- 不要
- ナメクジ、カイガラムシ

にやせてしまいます。よい花を咲かせるためにはバルブがしっかりと太ったままの状態を保つことが大切です。

肥料：不要

キンギアナムタイプ

置き場：上旬〜中旬をめどに室内へ
（80ページ参照）

ノビルタイプに準じます。

水やり：やや多めに

ノビルタイプに準じます。ノビルタイプに比べバルブの変化がわかりにくいですが、よく観察していれば水が不足するとバルブに縦じわが少し寄るのが見えるはずです。

肥料：不要

下垂タイプ

置き場：上旬〜中旬をめどに室内へ
（80ページ参照）

取り込み前にどのように吊り下げるか考えて、日当たりのよい窓辺に準備をしておきます。洋服掛けや洗濯物干しなどを利用してもよいでしょう。

水やり：表面が乾いたらたっぷり

下垂タイプは小さめの鉢に植わっていることが多く、室内に取り込むと特に乾きが早くなります。バルブが細いためノビルタイプのようにバルブがやせてくるのがわかりにくいので、植え込み材料の表面が軽く乾いたらたっぷり水を与えるようにします。

肥料：不要

カリスタタイプ

置き場：上旬〜中旬をめどに室内へ
（80ページ参照）

ノビルタイプに準じますが、開花が一番遅いタイプなのであまり室温の高い部屋ではなく、昼間は20℃でやや涼しく、夜が10℃程度の極端に冷えない部屋に置くのが理想的です。

水やり：やや多めに

ノビルタイプに準じますが、ノビルタイプよりもバルブがやせてくるのがわかりにくいのでよく観察をしましょう。植え込み材料の表面が少し乾き、指先にちょっと力を入れて押すと中に水分を少し感じるくらいのときが水を与えるタイミングです。

肥料：不要

病害虫の防除

カイガラムシ（91ページ参照）

室内ではどうしても株どうしも密着した状態になりがちで、空気の流れが停滞します。さらに室内は乾燥気味にもなり、カイガラムシの好む条件が整ってしまいます。バルブや根元、葉裏などを点検し、カイガラムシが発生していないか確認しましょう。カイガラムシを見つけた場合は、必ずカイガラムシに適用のある殺虫剤を散布して駆除します。カイガラムシには効かない殺虫剤も多いので注意しましょう。晴れた日に戸外に出して殺虫剤を散布し、殺虫剤が乾いたら取り込みます。殺虫剤を使わないで、カイガラムシをつぶしたり拭き取ったりしても、またすぐにふえるので注意します。

 室内の置き場

適期＝11〜3月

日当たりのよい窓辺

室内の置き場所は、できるだけ日当たりのよい窓辺を選びます。レースのカーテンなどで光量を抑える必要はなく、ガラス越しの日光に直接当てます。

出窓では不要ですが、全面窓の場合は、床に直接置かず、花台などの棚を用意しておくとよいでしょう。また水やりのことも考えて、鉢皿などを敷くようにします。下垂タイプは棚などには置きにくいので、窓辺に洋服掛けや洗濯物干し、突っ張り棒などを設置してぶら下げるとよいでしょう。

デンドロビウムのための暖房は特には不要で、生活温度で問題ありません。暖房する場合は温風に直接当てないようにします。

1月
2月
3月
4月
5月
6月
7月
8月
9月
10月
11月
12月

花が咲かない原因
～高芽との深い関係～

デンドロビウムを栽培していると、株はよく育ち、葉はつやつやしていかにも元気そうなのに、花が咲かないことがあります。特にノビルタイプでは育ったバルブの節々から「高芽」と呼ばれる芽が伸び出し、その後、根も伸ばしてきます。花の咲かない原因と高芽には深い関係があるのでしっかりと覚えて栽培しましょう。

以下に、デンドロビウムが咲かない原因を整理してみます。

1. 日光不足

日陰で栽培したり、室内で栽培していると日光不足になりバルブは細く、葉は長くなりだらしなく垂れてきます。また、バルブの節間が間のびします。この状態になると花は咲きません。また、この状態では高芽もあまり出てきません。

2. 肥料過多

ほかの洋ランと一緒に栽培していると肥料が多くなりすぎることがあります。特に８月以降は、ほかの洋ランには肥料を施しても、デンドロビウムには施さないことが原則です。肥料過多になると株は元気そのものに見えますが、本来花芽がつく節から高芽が出てきてしまいます。肥料は期間と量を守って施します。

3. 水の与えすぎ

冬に室内に取り込むまでは戸外で栽培しますが、秋からは水を控えめにして栽培します。しっかりと育ったバルブにしわが寄らない程度の水やりとなるため、雨に当たっていると水やりをする必要がありません。このときに水を与えすぎることも高芽の原因となり、その結果、花が少なくなると考えられます。

4. 取り込みが早すぎ

室内に取り込む時期が早すぎて、秋から冬にかけての寒さに十分当たらないと、花つきが悪くなります。先端まで充実したバルブが 10℃程度の温度に２週間以上当たることにより花芽が形成されます。しっかりと寒さに当ててから取り込むことがバルブの先端までたっぷりと花をつけさせるコツです。寒さに当てずに暖かな室内に取り込むと、高芽が多く発生する原因にもなります。

花芽がつくはずの節から伸び出した高芽。

December

12月

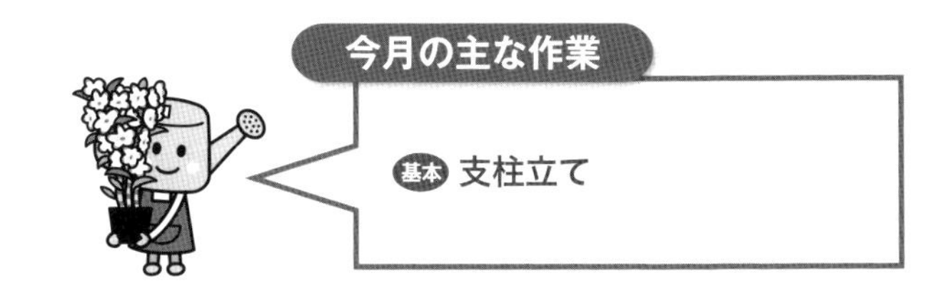

基本 基本の作業
トライ 中級・上級者向けの作業

12月のデンドロビウム

11月まで戸外で過ごした株はバルブがまるまると太り、見るからにしっかりとした株になっています。これから春までの期間は、株そのものに大きな変化は見られず、栽培する温度によって蕾がふくらんでくるタイミングが変わります。なかには落葉するものもありますが特に心配はいりません。株の変化は特にない季節ですが、株がやせたりしてきたら、管理に問題があると覚えておきましょう。

シュードグロメラータム。ニューギニア島の高地が生まれ故郷の原種。細長く伸びるバルブの頂部付近にピンクの花をボール状に咲かせる。草丈60～80cm。

主な作業

基本 支柱立て（74 ～ 75 ページ参照）

仮の支柱の位置を調整する

バルブが完成後に仮の支柱の位置の調整を行っていなければ済ませます。

管理

ノビルタイプ

置き場：室内の日当たりのよい窓辺
（80 ページ参照）

温度帯2ないし3に該当する場所が理想です。真冬に花を楽しみたい場合は温度帯1に置いてもよいでしょう。ガラス越しの日光に直接当て、レースのカーテンなどは不要です。

水やり：植え込み材料が乾ききる前に

〈温度帯1〉 積極的に水やりを行い、植え込み材料が乾くことがなくても心配はありません。蕾がバルブの節にふくらみ始めることがあるので、見つけたら絶対に水切れさせないように水を与えます。

〈温度帯2〉 夜寒く感じても、日中は暖かいので比較的乾いてきます。植え込

温度帯1：昼間25℃以上、夜間20℃以上
温度帯2：昼間20℃以上、夜間10℃程度
温度帯3：昼間15℃以下、夜間5℃程度

今月の管理

- 室内の日当たりのよい窓辺
- 植え込み材料が乾ききる前に、温度帯に合わせて与える
- 不要
- カイガラムシ

み材料の表面が乾き始めたら水をたっぷりと与えます。

〈温度帯3〉温度が低いためあまり乾きません。植え込み材料の表面が乾き、少し指で押すとほんのり水分を感じるときに、控えめに水を与えます。

肥料：不要

キンギアナムタイプ

置き場：室内の日当たりのよい窓辺
(80ページ参照)

ノビルタイプに準じます。

水やり：植え込み材料が乾ききる前に

ノビルタイプに準じます。温度帯1では花芽が株の頂部から伸び始めることがあるので、見つけたら絶対に水切れさせないようにします。

伸び始めたノビルタイプの花芽。

肥料：不要

下垂タイプ

置き場：室内の日当たりのよい窓辺
(80ページ参照)

ノビルタイプに準じます。洋服掛けや洗濯物干しなどを利用してぶら下げます。

水やり：植え込み材料が乾ききる前に

ノビルタイプに準じます。

肥料：不要

カリスタタイプ

置き場：室内の日当たりのよい窓辺
(80ページ参照)

ノビルタイプに準じますが、10℃以下にならない部屋に置くのが理想的。

水やり：植え込み材料が乾ききる前に

ノビルタイプに準じます。

肥料：不要

病害虫の防除

カイガラムシ (91ページ参照)

バルブや根元、葉裏などを点検し、カイガラムシが発生していないか確認しましょう。

これだけは押さえておきたい
デンドロビウム 栽培の基礎知識

More info

本書で取り上げているノビルタイプ、下垂タイプ、キンギアナムタイプ、カリスタタイプは、いずれも寒さに強く栽培しやすいデンドロビウムで、基本的な栽培方法は同じと考えていただいて大丈夫です。

鉢と植え込み材料

水ゴケかミックスコンポスト

デンドロビウムの栽培に使う植え込み材料は、主に水ゴケとミックスコンポストです。いわゆる土や砂は使いません。ミックスコンポストの主成分であるバーク単体で植えることもできます。ある程度水を含み、かつ比較的乾きの早いものがデンドロビウムの栽培に適した植え込み材料です。

水ゴケ（右）は湿原に生えるミズゴケ類を乾燥させたもの。水で戻して使う。ミックスコンポスト（左）は軽石やバークなどを混ぜたもの。

植え込み材料に合った鉢を

水ゴケは水をよく含み乾きがゆっくりなので、素焼き鉢との組み合わせで利用するのがよいでしょう。ミックスコンポストやバークの場合は、乾きが早いのでプラスチック鉢や化粧鉢（塗り鉢）を利用します。逆の組み合わせにすると、水ゴケとプラスチック鉢では乾きが遅くなり、水やりのタイミングが難しくなります。ミックスコンポストと素焼き鉢の組み合わせで植えると、乾きすぎて生育が悪くなりがちです。

水加減の調整さえうまくできれば、どの組み合わせで栽培しても育てることはできますが、できるだけ自分で水管理の行いやすい植え方にするのがよいでしょう。

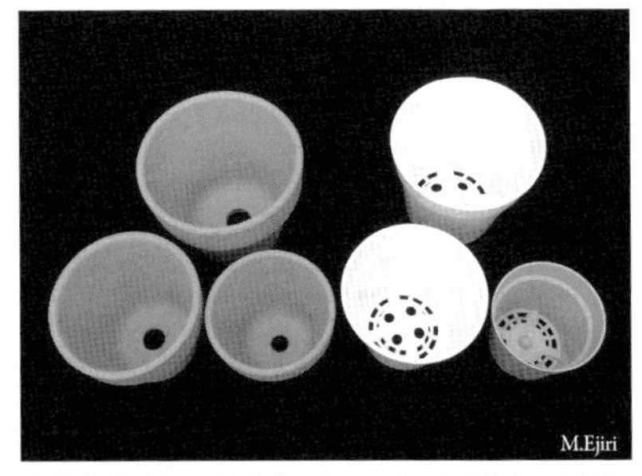

素焼き鉢（左の3個）とプラスチック鉢（右の3個）。プラスチック鉢は底穴がたくさんあいているものや網目状になっているものがよい。

置き場

日当たりと風通しのよい場所

デンドロビウムは洋ランのなかでも日光が好きなランです。季節を問わずよく日光の当たる場所で栽培すると元気に育ち、花もよく咲いてくれます。また日光によく当たって育つと、株姿も美しく育ってくれます。春から秋の生育期間は必ず戸外に出して、できるだけ朝から午後遅くまでの長い時間日光に当たる場所で管理します。

また風通しもたいへん重要で、風がよく通る場所を選ぶようにします。

適度に遮光する

日光のよく当たる場所といっても直射日光では強すぎるため、必ず園芸用遮光ネットを張り、35～40%程度の遮光をした場所が理想的です。遮光ネットは風がよく抜ける、比較的網目の粗いタイプを利用します。葉の生い茂る大きな木の下などでは日光不足になることがあります。

春から秋は戸外、冬は室内

戸外で栽培するときは特に温度の心配はありません。毎月の栽培ページで紹介していますが、温度に関しては戸外に出すタイミングと、室内に取り込むタイミングを間違えないようにすることが大切です。

秋はかなり冷え込むまで戸外で栽培します。おおよその目安としては、最低気温が8℃くらいになるまで戸外で栽培するとよいでしょう。霜が降りるほどの寒さは寒すぎです。天気予報で最低気温に注意して室内に取り込む時期を見定めます。

冬の最低温度は 5℃程度で十分

冬の初めから春半ばまでは、室内の窓辺でよく日光の当たる場所に置きます。このときはガラス越しの日光に当て、特別な遮光やレースのカーテンは不要です。天気がよいと日光浴的に一時的に戸外に出したくなりますが、原則として一度取り込んだ株は春まで室内で管理するものと思ってください。

冬の室内の温度は、基本として私たちが生活している温度であればまったく問題ありません。夜間暖房を切って就寝する場合でも、最低温度が5℃程度あれば問題なく、種類によってはさらに低い温度でも栽培できます。

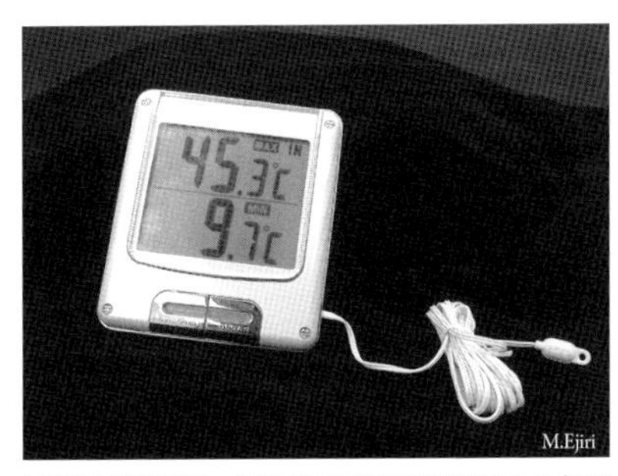

最高最低温度計。温度にあまり神経質になる必要はないが、置き場の1日の最高温度と最低温度がどの程度かは把握しておきたい。

水やり

栽培の成否は水やりしだい

デンドロビウムの栽培にとって一番重要なのが水やりです。もちろんよく日光に当てることが大前提ですが、季節に応じた水やりがしっかりとできるかどうかで、デンドロビウムの生育と開花が大きく変わってきます。水やりがマスターできればデンドロビウム栽培の基本はできたと思ってもよいくらいです。

春から夏は常にたっぷり

春から夏にかけては新鮮な水を絶え間なく与えて、春から伸び始めた新芽を大きく育てる季節です。この季節に水やりが不足すると伸び始めた新芽が大きく育つことができません。株が大きくなれないと、花の咲く量も減ってしまい、開花しても見栄えがあまりよくありません。株が大きく伸長し、止め葉と呼ばれる最後の葉がバルブの頂部に出てくるまで十分な水を与えて育てます。

秋から冬は徐々に控えめに

秋の半ばから冬にかけての季節は、水やりがまったく異なります。ほとんどのデンドロビウムは生育したあとに、少し乾燥する時期があると花つきがよくなります。

バルブが大きく育ち、止め葉と呼ばれる最後の葉が出て、気温が下がり始めたら水を控え始めます。

秋の半ばのころは鉢をカラカラにすることはなく、少し控えるくらいが最適です。このころはまだ、バルブが水を吸い、太り続けている季節です。

秋も終わりごろになり、いよいよ寒い冬に入る直前となったら、水やりをぐっと減らしていきます。鉢内がかなり乾燥した状態になったら水を与えるようにします。このときの目安はバルブにしわが寄らない程度の水やりです。あまりにも水を控えすぎるとせっかく太ったバルブがやせ始めます。よく株を観察しながら水やりを行います。

戸外なら雨まかせでも

秋の終わりから冬の初めは寒い戸外

水やりは、鉢底から流れ出すまでたっぷり与える。表面に水をさっとかけたくらいでは不十分。

ですから水やりはほんの少しで問題なく、自然の雨まかせでも水は足りてしまう場合もあります。秋の終わりに乾かし気味にすることと、冬の初めの寒さに当てることにより、デンドロビウムの花芽がつきやすくなります。

冬は部屋の温度に合わせて

いよいよ寒い冬となり室内に取り込んでからは、また水やりを変えないといけません。冬はデンドロビウムを置く部屋の温度により水やりがまったく異なります。比較的暖かいリビングの窓辺などで栽培する場合は、冬でもこまめな水やりが必要になります。暖房のない寒い部屋の窓辺に置いて栽培する場合は、1～2週間に1回の水やりですむ場合もあります。

室温が高めであると鉢内も乾燥しますし、株からの水分の蒸散も多いため、その分、水を補給しないとバルブがやせてきてしまいます。バルブの様子をよく確認して水切れにならないように水やりを行います。暖かめの高層住宅などで栽培する場合は特に注意が必要です。

室温の低い部屋に置く場合も、極端に水を控えると、植え込み材料が乾燥しすぎて水を吸わなくなってしまうことがあります。7～10日に1回程度を目安に水を与えておくとよいでしょう。

蕾が見え始めたら乾燥厳禁

室温が高めの部屋に置いたデンドロビウムは冬の間に花芽が見え始めるものもあります。バルブの節がふくらみ、小さな蕾が見え始めたら水の量をふやしていきます。乾燥は厳禁で、鉢内が常にぬれている状態にします。満開に開花するまでは、少し多めかなと思うくらいの水やりがよいでしょう。満開後は鉢内が乾かない程度に水を与え続けます。

寒い部屋で栽培している場合は、冬の間に蕾が見えてくることはありません。春になり外気温が上がり始めるとやっと蕾がふくらんできます。この状態を確認してから水やりをふやすようにします。

伸び出したキンギアナムの蕾。冬の間、室温の高い部屋では、12月ごろから伸び始める。

道具と資材

最低限で大丈夫

植木バサミは必ず必要で、植え替えや花がら切り、傷んだ葉の整理などに使います。手になじみ使いやすいものを選びましょう。植え替えには水ゴケやバークを鉢に押し込む植え込み棒や、根を整理するときに便利なピンセットなどもあると作業がはかどります。

春から夏の季節は戸外に張る遮光ネットも用意しておきましょう。遮光率35～40%で、風のよく抜ける網目の大きなものを用意します。遮光率が高く暗くなってしまうものや、風通しの悪いものは使わないでください。

上／左から、支柱の針金を切る番線切り、植木バサミ、ピンセット、植え込み棒（自作）、根鉢が抜けないときに使うゴムハンマー。

下／遮光ネット（遮光率35%）。網目が大きく、手がこれくらい見える。

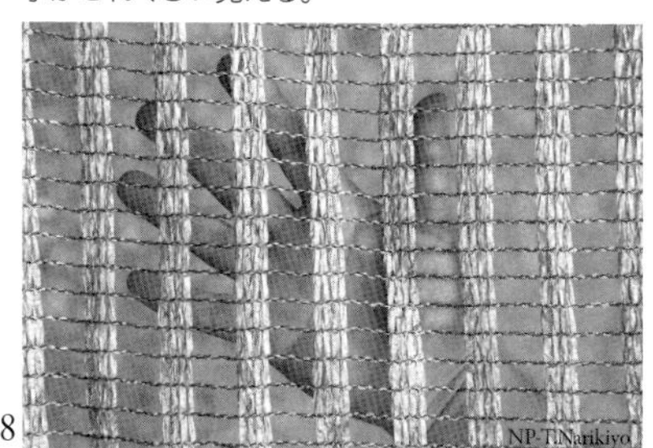

NP-T.Narikiyo

肥料

施しすぎ厳禁！

デンドロビウムはそれほど多くの肥料を必要としないランです。逆に肥料をたくさん施しすぎてしまうと花つきが悪くなる場合があるので注意が必要です。

固形肥料と液体肥料を併用

デンドロビウムはふつう固形肥料と液体肥料（水肥）を併用します。固形肥料は置き肥と呼ばれる鉢の上に置く方法で、液体肥料は水で薄めて水やりと同様に与える方法で施します。この有機質固形肥料と、液体肥料との組み

肥料を頻繁に施せない場合は

粒状の無機質固形肥料を1回だけ株元に置く方法もあります。多くの粒状の無機質固形肥料は肥効期間が３か月ほどと長いため、１回の置き肥で済ませてしまうことも可能です。

ただし、多くの場合、成分が強いため、必ず説明書に記載の量を施します。多めに施しすぎると根を傷め、株の生育が悪くなり、まったくの逆効果になってしまうことがあるので注意を。

合わせが、長期間にわたりデンドロビウムを栽培するには最も理想的と思われます。

施肥は春から夏まで

肥料は春から夏の初めごろ（7月）まで施し、秋には肥料を施しません。その点がほかの洋ランとの大きな違いです。秋遅くまで肥料を施し続けると、株の勢いはよく、また葉の色も濃い緑色になり、いかにも健康そうな株に見えますが、花が咲かなくなったり、バルブの途中から高芽が伸びたりします。

4月下旬ごろに新芽が伸び始めたら、まず有機質固形肥料を置き肥します。有機質固形肥料は成分が1か月ほどでなくなるので5月、6月、7月と追加で3回ほど施します。5月の大型連休ごろからは気温が上昇し、新芽の伸びも勢いよくなってきます。このころからは液体肥料も規定倍率に薄め、週1回程度施します。液体肥料は7月いっぱいまで施し、8月以降は固形肥料も液体肥料も施しません。

油かす主体の有機質固形肥料（N-P-K=4-6-2）。規定量を植え込み材料の上に置いて施す。

粉末タイプの無機質液体肥料（N-P-K=12-24-24）。規定の倍率に薄めて水やり代わりに施す。

デンドロビウムに使用する肥料

有機質固形肥料	油かすなどを主成分とした肥料で、効き方がマイルドで根にやさしいといわれている。そのため少々施す量を多めにしても株が傷むことが少ない。油かす系有機質肥料として多くの商品が販売されている。
無機質固形肥料	化学的に成分を合成した肥料（化学肥料）で、有効成分が多く、効き目が速い。多めに施すと根を傷めてしまうので、施す量を間違えないように。
液体肥料	原液や粉末を水に溶かして使う肥料。有機と無機があるが、デンドロビウムには無機がおすすめ。濃すぎたりすると根を傷めてしまうので希釈倍率に注意。

病害虫の防除

Pest Control

デンドロビウムは栽培環境が悪いと、害虫がついたり、病気が発生することがあります。栽培環境をよくし、病害虫を見つけたら早めの防除を心がけます。

病害虫は比較的少ない

デンドロビウムは比較的病害虫の少ない洋ランです。それでも管理しだいでは害虫や病気が発生することがあるので注意は必要です。主な害虫や病気は栽培環境がよいときにはあまり出ないので、ふだんから栽培環境をよい状態に整えておくと病害虫の発生は少なくなり、薬剤散布もあまり行わないですみます。

早期発見、早期防除に努める

病害虫の予防的な薬剤散布はあまりできないので、害虫や病気を早めに発見し、直ちに害虫や病気それぞれに効果がある薬剤を散布することが大切です。散布する植物や病害虫に登録があるかどうか、必ず確認してください。また、薬剤の使用にあたっては、ラベルに記されている使用方法に従ってください。

手軽でも安全対策は万全に

現在では主な家庭園芸用の薬剤はハンドスプレー剤として販売されています。手軽に使える薬剤がふえていますが、散布するときは必ず長袖を着て腕を露出しないようにし、ビニール系の手袋をはめ、マスクや目を保護するゴーグルなどを使い、戸外で散布するようにします。

薬剤散布は風のない日に行い、周囲に薬剤が飛び散らないように気をつけます。また、夏は朝夕の涼しい時間帯に散布を行います。日中の気温の高いときに薬剤散布を行うと、家庭用の薬剤でも薬害といって葉や株を傷めてしまうことがあるので注意が必要です。薬剤散布後は必ず石けんで手を洗い、うがいもしておきましょう。

ハンドスプレー剤で対応できない害虫や病気の場合は、専用の薬剤を入手し、規定倍率に希釈してから噴霧器で散布を行います。薬剤に使用する噴霧器は専用のものを用意し、ほかの用途には使わないようにします。

主な害虫

ナメクジ

年間を通して発生しますが、特に新芽の伸び始めや蕾が出始める時期に食害にあうことが多い害虫です。放置すると新芽や蕾のすべてを数日で食べられてしまうこともあります。

少しでもナメクジの食害を発見したら、鉢底などを確認し、見つけしだい捕殺します。鉢裏や鉢底穴の中などの湿った場所が好きな害虫です。同時に株の周囲に殺ナメクジ剤を散布します。散布すると夜間に殺ナメクジ剤に誘引されナメクジが出てきて、殺ナメクジ剤を食べて死にます。殺ナメクジ剤は雨などにぬれると有効成分が弱まるので、雨や水が数日かからないときを見計らい散布します。

アブラムシ

蕾が伸び始めると蕾や開花してきた花にびっしりとつく、ごく小さな黒っぽい虫です。見た目もよくありませんし、ウイルス病を媒介することがあるので、見つけしだい、殺虫剤を散布して駆除します。花き用の殺虫ハンドスプレーであればほとんどの製品に登録があります。

スプレーを散布するとすぐに死にますが、花や蕾にはついたままなので、柔らかな布などで拭き取るとよいでしょう。

風通しのよくない場所で発生しやすいので、できるだけ風通しのよい場所で管理すると発生を減らすことができます。春には必ずやってくる害虫だと覚えておきましょう。

カイガラムシ

洋ランにつく害虫の代表格ですが、デンドロビウムにはあまり多く発生しません。葉の裏やバルブに白や灰色の粒のような虫が付着し、ランの樹液を吸い取って衰弱させます。カイガラムシを発見したら、カイガラムシに登録のある殺虫剤を散布します。布などで拭き取るとカイガラムシの殻がつぶれ、体内にいる小さな幼虫を飛び散らせることもあります。まずは殺虫剤の散布を行い、カイガラムシが死んでから柔らかな布で拭き取るようにします。

カイガラムシも風通しの悪い場所や、株どうしを密に置いてあるときに発生しやすい害虫です。また比較的乾燥しているときに多く発生するので、冬に室内で管理するときには注意して株を観察し、早めに見つけて対処しましょう。

主な害虫

ハダニ

ノビルタイプの柔らかな葉裏につきやすい極小の害虫です。通常生きたハダニを見つけることは難しく、食害にあったあとに気がつくことが多いようです。ハダニの食害にあうと、葉裏の吸汁された痕が白く残ります。よく観察すると細かな白い点々の集まった状態で、カスリ状に見えます。

成長期に発生しやすい害虫ですから、ハダニの食害にあうと、葉の元気がなくなり生育が悪くなることがあります。一部でもハダニの食害を見つけたら、ハダニに登録のある薬剤を周囲の株も含め葉裏を中心に散布します。水に弱い害虫ですから、水やりのときに葉裏にも水をかけるようにすると発生が減ります。

スリップス

アザミウマとも呼ばれる小さな飛び跳ねる虫です。花の花弁の重なり合う部分などにつき、花をかじり、傷をつけ観賞価値を下げます。またアブラムシ同様、ウイルス病などを媒介することも知られています。花き用の殺虫ハンドスプレーで防除できますが、成長のサイクルがたいへん短く次々と発生してくるので、しばらく防除を続けます。

主な病気

斑点病

葉に不規則な黒い斑点が発生する病気です。ノビルタイプの葉などによく見られます。夏の終わりごろから冬にかけ発生することが多く、秋の長雨などが続くと発生しやすい病気です。放置すると黒い斑点がどんどん広がり見栄えが悪くなります。またこの病気により落葉が早くなることもあるので、発生を見つけたら早めに登録のある殺菌剤を散布します。

病斑のある葉が落葉し、そのまま放置するとさらに病気を広げることにもなります。殺菌剤の散布とともに落葉した葉は、すぐに片づけておくことも大切です。デンドロビウムは丈夫なため、この病気で株が枯死することはまず考えられませんが、早めの対応をしたほうがよい病気です。

ウイルス病

モザイク病とも呼ばれ、葉が萎縮し、不規則な模様が葉や花に発生する病気です。アブラムシやハダニ、スリップスなどが媒介し病気を広げていきます。また作業に使うハサミなどでも広がることがあるので、害虫の防除に加え、使う道具の消毒も徹底します。ハサミなどは1株に使用するたびにバーナーで焼いて消毒してから使用します。またウイルス病の株を触った場合は、作業後に必ず石けんで手を洗います。

ウイルス病にかかると、残念ながら治すことはできません。症状が見られた株は処分して、周囲への感染を防ぎます。

ハンドスプレータイプの殺虫殺菌剤を噴霧。アブラムシやハダニ、スリップスなどの害虫のほか、灰色かび病などの病気にも使えるものもあるので、1本用意しておくと便利。

キンギアナムの葉に生じた葉焼け。焼けた部分は薄茶色から黒くなり、見苦しくなる。

病気ではないが心配な症状

葉焼け

日光に当たった葉が白っぽく焼け、その後黒く変色してきます。これは病気ではなく、強い日ざしによって葉の組織が焼けただれた症状です。特に春、室内から戸外に出すときは、葉に当たる日ざしの強さが極端に変わるため葉焼けが起きやすくなります。また真夏は、日ざしの強さに加え気温が高くなるため、葉焼けの症状が出やすくなります。葉の温度が上がり、高温障害が起こって葉焼け状態となります。

いずれの場合も、遮光ネットで日よけを行い、また夏の高温期は葉水を頻繁に行って葉の温度を下げると葉焼けの防止になります。

落葉

ノビルタイプや下垂タイプは落葉性のデンドロビウムです。冬になると落葉を始める種類と、春が近づいてから落葉するものなど、落葉するタイミングはさまざまです。もともと落葉するタイプであればまったく心配はいりません。落葉の途中で黄色い葉が目障りな場合は、指で軽く引っ張るようにして取り除いても問題はありません。

デンドロビウムを取り扱っている主なラン園一覧

代表的な園のみ紹介しています。開花時期になると各地のラン展の売店や園芸店などでも購入が可能です。

● **はちのへ洋蘭園**
〒039-1105
青森県八戸市八幡下陳屋 42-43
TEL：0178-27-9302

● **田口洋蘭園**
〒985-0852
宮城県多賀城市山王字山王三区 90-1
TEL：022-368-3667
http://taguchiorchid.web.fc2.com/

● **仙台洋ラン園**
〒984-0032
宮城県仙台市若林区荒井東 25
TEL：022-288-0600
https://www.sendaiorchid.com

● **みちのく洋らんセンター**
〒982-0818
宮城県仙台市太白区山田新町 66
TEL：022-245-4576
http://mitinoku-1.com

● **望月蘭園**
〒311-3156
茨城県東茨城郡茨城町奥谷 93-1
TEL：029-292-1534
https://mochizukiorchids.com

● **須和田農園**
〒272-0825
千葉県市川市須和田 2-26-20
TEL：047-371-7768
http://www.suwada.com

● **国際園芸（株）**
〒259-1122
神奈川県伊勢原市小稲葉 2605
TEL：0463-95-2237
http://kokusaiengei.com

● **オーキッドバレーミウラ**
〒238-0103
神奈川県三浦市南下浦町金田 817
FAX：046-888-2885
http://epi-ovm.com

● **やまはる園芸**
〒434-0003
静岡県浜松市浜北区新原 5118
TEL：053-586-4082
http://yamaharuengei.com

● **ナーセリーイデ**
〒417-0035
静岡県富士市津田町 131
TEL：0545-52-4311

● **大場グローバルプランツ**
〒411-0936
静岡県駿東郡長泉町元長窪字西細尾 958
TEL：090-5433-9204
https://ohbaglobalplants.com/

● **太陽園芸**
〒476-0014
愛知県東海市富貴ノ台 1-181
TEL：052-603-7785
http://taiyoengei.jp

- **くろやなぎ農園**
  〒444-0104
  愛知県額田郡幸田町坂崎字石ノ塔 194
  TEL：0564-62-9232
  https://kuroyanagi-nouen.net

- **大垣園芸**
  〒503-0842
  岐阜県大垣市馬の瀬町 1436
  TEL：0584-89-3028
  http://www.ne.jp/asahi/ogaki/orchids/

- **久栄ナーセリー**
  〒529-1155
  滋賀県彦根市賀田山町 913
  TEL：0749-28-4425
  https://qa-nursery.com

- **らんの家 TSUTSUMI**
  〒520-2331
  滋賀県野洲市小篠原 1-7
  TEL：077-586-2660
  http://rannoie.com

- **五島園芸**
  〒606-8037
  京都府京都市左京区修学院大道町 1
  TEL：075-781-5751
  http://orchid.la.coocan.jp

- **（株）万花園**
  〒665-0881
  兵庫県宝塚市山本東 1-5-26
  TEL：0797-88-0051
  http://www.mankaen.com/

- **ワカヤマオーキッド**
  〒641-0023
  和歌山県和歌山市新和歌浦 2-10
  TEL：073-444-2422
  http://www.w-orchids.net

- **（株）山本デンドロビューム園**
  〒700-0845
  岡山県岡山市南区浜野 1-12-30
  TEL：086-262-0982
  http://www.dendrobium.net

- **（有）フジ・ナーセリー**
  〒703-8282
  岡山県岡山市中区平井 6-19-12
  TEL：086-277-8311
  http://www.fujinursery.com

- **五台山洋蘭園**
  〒781-8125
  高知県高知市五台山 1948-1
  TEL：088-861-5085
  https://www.godaisan.com

江尻宗一（えじり・むねかず）

1962年、千葉県市川市生まれ。1984年、東京農業大学農学部農学科花卉園芸学研究室卒業。その後、米国サンタバーバラのラン園へ留学。現在、千葉県市川市にて須和田農園を経営。日本洋蘭農業協同組合（JOGA）組合長。英国王立園芸協会（RHS）蘭委員会委員。英国王立園芸協会（RHS）蘭交配登録に関する諮問委員会委員。国際蘭委員会（IOC）委員。世界各地のランの自生地を訪れ、失われつつある野生状態を記録している。
著書に『NHK趣味の園芸　よくわかる栽培12か月　カトレア／ミニカトレア』『同　新版シンビジウム』ほか。

NHK趣味の園芸
12か月栽培ナビ⑮
デンドロビウム

2020年11月20日　第1刷発行

著　者　江尻宗一

発行者　森永公紀
発行所　NHK出版
〒150-8081
東京都渋谷区宇田川町41-1
TEL 0570-009-321（問い合わせ）
0570-000-321（注文）
ホームページ
https://www.nhk-book.co.jp
振替　00110-1-49701
印刷　凸版印刷
製本　凸版印刷

ISBN978-4-14-040292-4 C2361
Printed in Japan

表紙デザイン
岡本一宣デザイン事務所

本文デザイン
山内迦津子、林 聖子
（山内浩史デザイン室）

表紙・本文撮影
桜野良充

写真提供
江尻宗一
鈴木和浩
高尾登山鉄道
田中雅也
筒井雅之
成清徹也
（株）山本デンドロビューム園
遊川知久

イラスト
江口あけみ
タラジロウ（キャラクター）

地図製作
アトリエ・プラン

校正
安藤幹江
前岡健一

編集協力
髙橋尚樹

企画・編集
向坂好生（NHK出版）

撮影・取材協力
須和田農園